2014—2015年度巴塞尔公约亚太区域中心固体废物和化学品污染防治研究报告

李金惠　主编

中国环境出版社・北京

图书在版编目（CIP）数据

2014—2015 年度巴塞尔公约亚太区域中心固体废物和化学品污染防治研究报告/李金惠主编. —北京：中国环境出版社，2017.4

ISBN 978-7-5111-2927-7

Ⅰ. ①2…　Ⅱ. ①李…　Ⅲ. ①固体废物污染—污染防治—研究报告②化学污染—污染防治—研究报告　Ⅳ. ①X5

中国版本图书馆 CIP 数据核字（2016）第 244676 号

出 版 人　王新程
责任编辑　侯华华
责任校对　尹　芳
封面设计　宋　瑞

更多信息，请关注
中国环境出版社
第一分社

出版发行　中国环境出版社
（100062　北京市东城区广渠门内大街 16 号）
网　　址：http://www.cesp.com.cn
电子邮箱：bjgl@cesp.com.cn
联系电话：010-67112765（总编室）
010-67112735（第一分社）
发行热线：010-67125803，010-67113405（传真）

印　　刷　北京中献拓方科技发展有限公司
经　　销　各地新华书店
版　　次　2017 年 4 月第 1 版
印　　次　2017 年 4 月第 1 次印刷
开　　本　787×1092　1/16
印　　张　12
字　　数　268 千字
定　　价　46.00 元

编写委员会

主　编：李金惠

副主编：陈　源　刘丽丽

编　委：赵娜娜　郑莉霞　董庆银　孙笑非

杨　洁　刘　雪　刘　芳　段立哲

只　艳　李诗特　王　艳　常　杪

赵　明　曾现来　谭全银　郭培坤

宋庆彬　段华波　苑文仪　林朋飞

序

随着全球工业化进程的不断加快，固体废物所带来的环境问题也日益突出。自20世纪初，随着世界上第一种塑料（酚醛树脂）的问世，琳琅满目的塑料制品为人类生活带来舒适和便利的同时，其废弃后产生的环境污染至今仍困扰着包括我国在内的许多国家和地区。同时，电子信息技术的发展加快了手机、计算机等电子产品的更新换代速率，致使电子废弃物产生量急剧上升，其随意处置将严重污染环境并危害人体健康。此外，人类生活和工业生产中产生的市政垃圾、建筑废物等其他固体废物产生量也在迅速增长，对环境和人体健康的危害日益凸显。妥善处理固体废物，既是污染减排的有效途径，也是提升环境质量的重要保障，更能满足保护人类健康的迫切需要。

20世纪60年代，美国海洋生物学家蕾切尔·卡逊（Rachel Carson）在《寂静的春天》一书中描绘了一个美丽村庄由鲜花盛放、百鸟齐鸣到寂静无声的突变，揭示了农药使用的危害，引发了国际社会对化学品安全性的思考和探索。联合国于1972年召开"人类环境大会"并由各国签署《人类环境宣言》。为进一步降低有毒有害化学品所带来的污染，国际社会制定了《关于在国际贸易中对某些危险化学品和农药采用事先知情同意程序的鹿特丹公约》(1998年)、《关于持久性有机污染物的斯德哥尔摩公约》(2001年）和《关于汞的水俣公约》(2013年）等多项公约。众多国际环境公约的签署，有效促进了全球化学品安全管理，降低了有毒有害化学品的环境风险和人体健康风险。

我国拥有世界约五分之一的人口，是各类固体废物产生大国以及化学品生产与消耗大国。为降低固体废物和有毒有害化学品带来的环境风险，我国政府积极参与执行相关国际环境公约，并结合各项公约履约要求，借鉴国外先进的固体废物和化学品管理经验，制定了一系列的政策和法律法规。随着固体废物和化学品管理工作的不断深入和环境管理体系的不断完善，其污染防治已取得明显成效。然而，我国固体废物和化学品环境管理及其污染防治仍任重道远。

为共享我国固体废物和化学品环境管理领域的研究成果，巴塞尔公约亚太区域中心基于其所取得的科研成果编写了此书。本书覆盖内容广泛，包括各类有害废物、区域与全球危险废物越境转移、各类化学品、各类电子废物和其他固体废物管理战略建议，内容详尽，理论分析与实际情况相结合。希望本书的出版，能够对广大环境保护从业者在相关领域的知识体系有所补充，在固体废物和化学品污染防治领域开创新局面，共同推动该领域向前发展，共建人与自然的和谐社会。

编　者

2016年12月

前　言

随着环境意识的增强，固体废物和化学品管理备受关注。为解决众多固体废物和化学品管理中存在的问题，由环境保护部和清华大学共同管理的巴塞尔公约亚太区域中心（以下简称“亚太中心”）历年来开展了一系列研究，取得众多研究成果。这些研究成果对我国固体废物和化学品管理相关人员具有一定的参考价值，故作为系列丛书出版以飨读者。

继《2013 年度巴塞尔公约亚太区域中心固体废物污染防治研究报告》出版以来，亚太中心整理了 2014 年度和 2015 年度的部分核心研究成果汇编此书。全书共二十五章，分别对我国有害废物、废物越境转移、化学品、电子废物、其他废物的管理中存在的问题和面临的挑战提出了相应的建议与对策。

环境保护部赵英民副部长对亚太中心研究工作的引导和肯定，为本书的编写奠定了基础。本书的编写还得到环境保护部土壤环境管理司领导及固体废物管理处与化学品环境管理处领导的指导和支持。此外，亚太中心的工作人员也积极参与本书的编写。在此，对他们一并表示最诚挚的谢意。

由于时间及水平有限，书中疏漏之处在所难免，敬请同行和各界读者予以指正（通信地址：北京市海淀区清华大学环境学院，联系电话：010-62794351，电子邮箱：jinhui@tsinghua.edu.cn）。

2016 年 12 月

目　录

第一篇　有害废物管理

第二篇 废物进出口及越境转移管理

第三篇 化学品管理

第四篇 电子废物管理

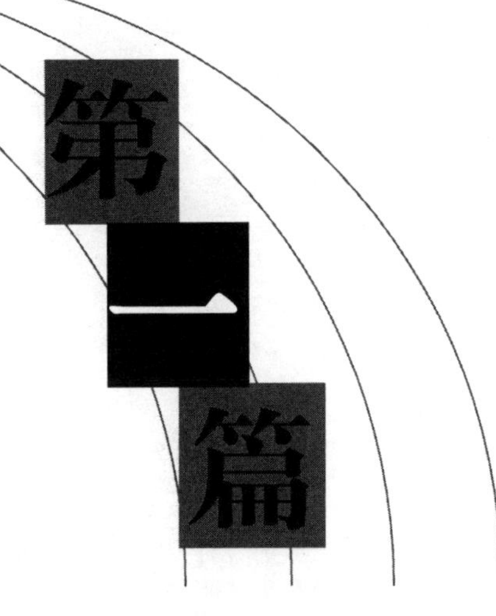

第一篇 有害废物管理

第一章
我国废弃荧光灯回收处理管理对策与建议

随着人们节能环保意识的不断增强，高效直管形荧光灯、紧凑型荧光灯等荧光灯具已逐渐替代了传统的白炽灯，成为照明用量最大的光源。但是，由于荧光灯具采用重金属汞作为活性激活成分，不同类型的荧光灯中含有数量不等的汞蒸气或固态汞化物。根据《国家危险废物名录》(2008)，生产、销售及使用过程中产生的废弃含汞荧光灯属于含汞废物(HW29)，具有危害毒性。

我国的荧光灯生产行业在过去近 20 年中，尤其是我国绿色照明工程实施之后，得到了迅速发展。2011 年我国荧光灯产量 70 亿支，其中紧凑型荧光灯产量约 47 亿支，直管形荧光灯 21 亿支，异形荧光灯 2 亿支。废弃荧光灯具有来源广泛、社会关注度较大、回收过程易产生环境和健康隐患等特点，需引起关注。

重金属汞是荧光灯中的重要组成部分，每支节能灯根据类型不同金属汞含量不等。据研究，1 mg 金属汞浸入地下可造成大约 360 t 水污染。如果简单填埋或焚烧处理灯管，这些污染物最终将进入人类的生存环境，污染土壤、水源等，危害人类健康。随着大量废弃荧光灯的产生，导致其随意丢弃及处理处置过程中所存在的潜在的汞暴露风险已日益引起公众的关注。2013 年我国发布了《中国逐步降低荧光灯含汞量路线图》，限制荧光灯生产中使用淘汰落后的液态汞技术，积极鼓励促进固态汞技术的开发应用，实现行业技术升级，逐步降低荧光灯中汞含量。

本章基于废弃荧光灯产生量、区域分布、回收和处理风险分析、处理设施现状、回收处理产业存在的问题等角度进行分析，提出废弃荧光灯回收处理管理对策与建议。

一、废弃荧光灯产生量预测及区域分布

自从我国应对能源紧缺而实施“绿色照明”工程以来，节能荧光灯已经被广泛应用于我国照明系统。目前，我国荧光灯管产量和用量均居世界首位。据报道，1994 年我国荧光灯生产量约为 2.5 亿支，2005 年达到 17 亿支，而 2011 年我国荧光灯产量便迅速增长至 70 亿支，其中紧凑型荧光灯产量约 47 亿支，占全球产量的 80%以上。

绿色照明工程的实施，将荧光灯全国年产量推向了新的发展台阶，同时也让国内外面

临着废弃荧光灯产生量的高峰期，如何回收与处置的问题不可避免地摆在了我们面前。北京市每年消耗荧光灯200万～250万支，仅北京地铁公司每年报废灯管就达10万支以上。整个城市平均每天有五六千支废旧灯管从灯架上被摘下。

根据我国各类荧光灯产量数据、进出口数据及荧光灯典型使用寿命，选用适宜的模型分析方法进行预测（表1-1），结果显示，2013年，我国荧光灯废弃总量约为34.4亿支，其中，紧凑型荧光灯约16.7亿支，直管形荧光灯15.8亿支，异形荧光灯约1.9亿支，废物总重约为51.9万t；2020年，我国荧光灯废弃总量将达58.4亿支，其中，紧凑型荧光灯约23.2亿支，直管形荧光灯32亿支，异形荧光灯约3.1亿支，废物总重约为93.7万t。

表1-1　我国废弃荧光灯产生量预测结果（2011—2020年）　　单位：亿支

年份	紧凑型	直管形	环形	总量	重量/t
2011	14.78	11.38	1.45	27.60	401 919
2012	16.95	14.43	1.79	33.17	491 236
2013	16.66	15.81	1.90	34.38	518 693
2014	18.60	14.52	1.64	34.76	508 105
2015	20.20	18.37	2.74	41.31	616 476
2016	22.56	19.42	2.66	44.64	661 324
2017	21.80	24.06	2.56	48.42	750 132
2018	22.71	27.56	3.47	53.75	842 388
2019	24.47	27.09	3.32	54.87	848 342
2020	23.22	32.02	3.13	58.37	937 428

为估算我国废弃荧光灯产生量分布情况，研究通过使用我国各省（自治区、直辖市）的建筑面积和不同类型建筑的平均照明要求，估算得到我国各省（自治区、直辖市）的总照明需求。之后，根据前述方法估算得到不同荧光灯每年的产量以及不同地区照明需求的相对比例，估算得到我国不同地区各种类型荧光灯的年度使用量。广东是产生废弃荧光灯最多的省份，预计于2012年、2015年和2020年分别会产生3.03亿支、3.68亿支和5.04亿支废弃荧光灯，分别占当年全国废荧光灯产生总量的9.12%、8.91%和8.63%。江苏、山东、浙江和四川是废弃荧光灯产生量排名前5的省份。西藏是我国废弃荧光灯产生量最小的省份，2012年产生量预计为214万支，约仅为广东省产生量的1/140。

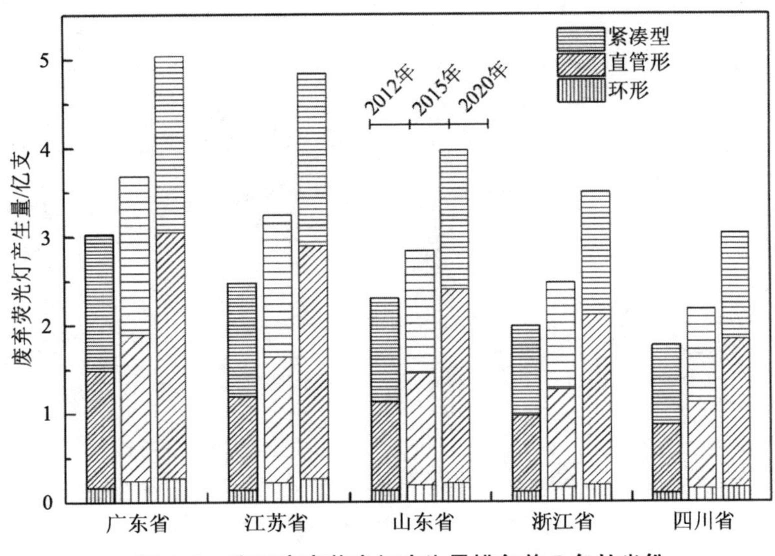

图 1-1 我国废弃荧光灯产生量排名前 5 名的省份

二、废弃荧光灯回收和处理环节风险分析

废弃荧光灯的环境和健康风险主要来自其中所含的汞。废弃荧光灯中绝大部分汞附着或固结于荧光粉和玻璃中，其余以气态形式存在。废弃荧光灯破损后，其中气态形式存在的汞会直接释放进入周围空气当中，危害人体健康；而荧光粉和玻璃中的汞则会缓慢地释放进入周围环境中。研究表明，废弃荧光灯破损后两周内汞的释放量为其汞含量的 17%～40%，汞的长期释放量可达其含量的 75%以上。

废弃荧光灯的管理主要包括收集、运输、贮存和处理四个环节。针对废弃荧光灯不同管理环节可能接触的环境介质不同，分析不同情形下废弃荧光灯破损后汞释放的风险。

（一）收集环节

废弃荧光灯在收集环节，破损于土壤上且未能及时清理时，会造成土壤中汞浓度超过我国《土壤环境质量标准》（GB 15618—1995）三级标准（1.5 mg/kg）。当破损数量较少（＜10 支），经过 20 天左右，土壤中汞浓度可自然下降至背景值左右；而若破损量较大（＞20 支）时，20 天后土壤中汞浓度仍远高于土壤环境质量三级标准，同时也高于北京市《场地土壤环境风险评价筛选值》（DB11/T 811—2011）污染场地工业/商服用地筛选值（14 mg/kg）。

当废弃荧光灯于水中发生破损且不能及时清理时，可能造成水环境的严重污染，水中汞浓度高于我国《污水综合排放标准》（GB 8978—1996）中污水最高允许排放标准（0.05 mg/L），并随着破损量的增大而上升。

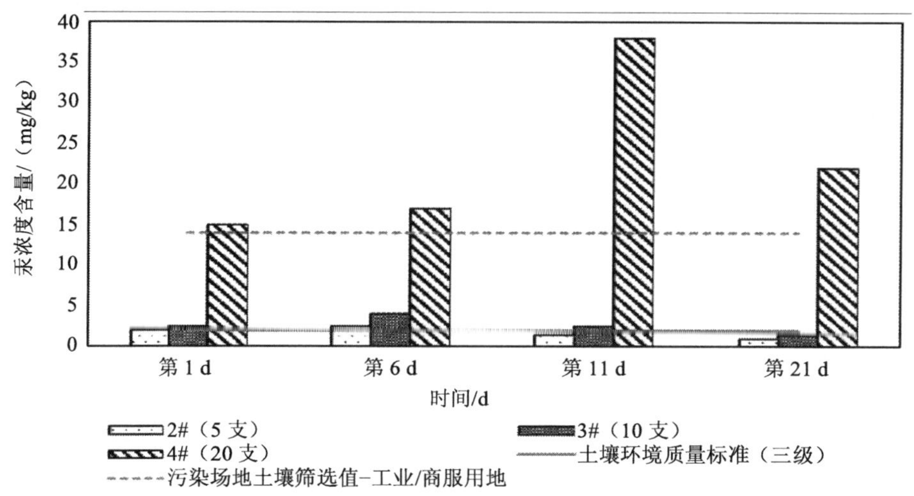

图 1-2 荧光灯管破碎后土壤中汞浓度超标情况

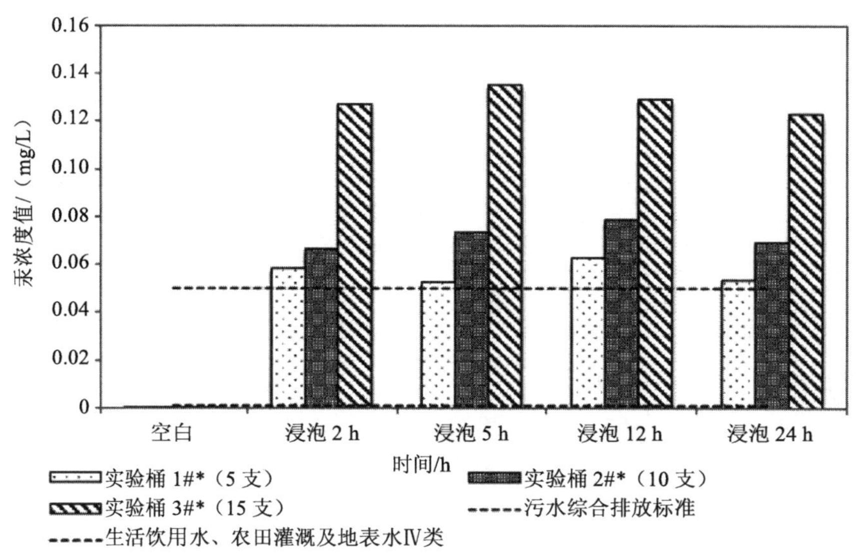

图 1-3 废弃荧光灯管破碎导致水体超标情况

（二）运输环节

废弃荧光灯运输过程中，包装情况显著影响废弃荧光灯破损率。美国马里兰州的统计显示，在合适包装情况下废弃荧光灯的破损率为 1%，而不合适包装情况下的破损率可能高达 25%；我国相关统计研究结果显示，在采用合适包装及专业人员负责时，运输过程破损率约为 0.34%。

废弃荧光灯在采用危险废物专用运输车辆运输过程中，若仅发生少量破损（低于 40

支）时，车厢内汞浓度不超过我国职业卫生标准《工作场所有害因素职业接触限值 化学有害因素》（GBZ 2.1—2007）中短时间接触容许浓度（PC-STEL）限值（0.04 mg/m^3）。同时，采用合适的密闭包装能够有效阻止汞向车厢内扩散。

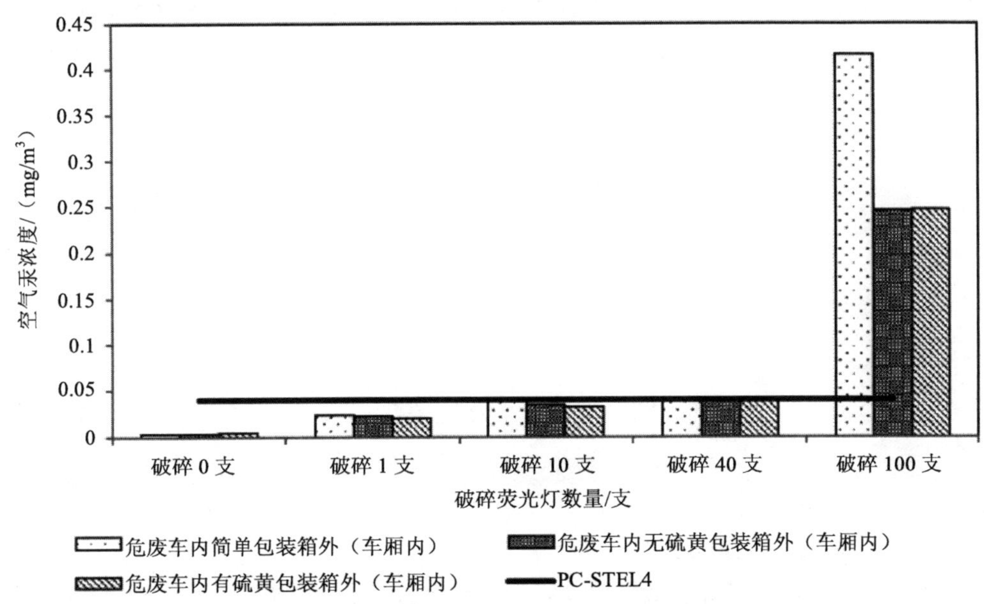

图 1-4 危险废物车运输车厢内不同数量灯管破碎后汞的浓度排放

（三）贮存环节

废弃荧光灯贮存期间，贮存车间中未发生废弃荧光灯的破损时，空气汞浓度明显低于我国职业卫生标准《工作场所有害因素职业接触限值 化学有害因素》（GBZ 2.1—2007）中时间加权平均容许浓度（PC-TWA）（0.02 mg/m^3）和短时间接触容许浓度（PC-STEL）限值（0.04 mg/m^3），但明显高于背景浓度，同时也超过美国环保局（EPA）规定的人体持续吸入参考浓度（Rfc）限值（0.000 3 mg/m^3），因此贮存场所工作人员应当配备相应防护措施。

贮存车间中发生废弃荧光灯破损，当采用简单包装时，破损量达 40 支空气中汞浓度（1.5 m 范围内）超出我国职业卫生标准《工作场所有害因素职业接触限值 化学有害因素》（GBZ 2.1—2007）短时间接触容许浓度（PC-STEL）限值，使用普通回收箱和含吸附剂回收箱空气汞浓度均为 0.03 mg/m^3 左右。因此选择合适的包装箱可以一定程度上降低荧光灯破碎时的风险。但是当废弃荧光灯破损量较大或者发生集中破碎破损的情况时，有可能会对人体造成急性损伤，需在可能发生集中破损的环节制订紧急预案。

（四）处理环节

根据废弃荧光灯处理企业实地监测结果，废弃荧光灯处理车间空气中汞浓度低于我国职业卫生标准《工作场所有害因素职业接触限值　化学有害因素》（GBZ 2.1—2007）中时间加权平均容许浓度（PC-TWA）（0.02 mg/m^3）和短时间接触容许浓度（PC-STEL）限值（0.04 mg/m^3），但明显高于汞浓度背景值及美国EPA规定的人体持续吸入参考浓度（Rfc）限值（0.000 3 mg/m^3），因此处理车间工作人员应当配备相应防护措施。

表1-2　废弃荧光灯管处置车间空气汞浓度　　单位：mg/kg

	灯管入口		废玻璃出口		预处理口		背景
样点	1#点	2#点	3#点	4#点	5#点	6#点	7#点
空气中汞浓度值	0.001 79	0.002 38	0.007 98	0.009 37	0.008 91	0.007 60	0.001 68

废弃荧光灯处理设施废气处理系统汞排放浓度监测结果显示，排放到气体中的汞浓度均低于我国《大气污染物综合排放标准》（GB 16297—1996）最高允许排放浓度限值（0.015 mg/m^3），满足排放要求。废气处理系统中所使用的活性炭中汞含量最高可达到3 562 mg/kg，需按照危险废物进行管理。

根据以上对废弃荧光灯的收集、运输、贮存和处理四个环节的风险分析，结果表明，在采取适当的保护措施尽量避免废弃荧光灯破碎的前提下，风险处于可控状态，汞的排放满足相应的排放标准。

全国每年废弃荧光灯产生量达1亿支以上，其带来的环境风险和资源损失问题亟待开展相应研究，以实现废弃荧光灯问题的可持续管理。因此，废含汞荧光灯科学、合理、安全的处理处置是一项社会公益性环保基础设施建设，对改善我国环境质量、推动循环经济发展、带动含汞废物处置产业化和增强城市危险废物处置的环境安全具有重要意义。

三、国外废弃荧光灯管的处理处置

国外针对废弃荧光灯的处理处置主要是针对废直管形荧光灯管，其处理技术主要有“直接破碎分离”和“切端吹扫分离”两种工艺，典型的技术供应商有瑞典的MRT公司、英国的Balcan公司。

“直接破碎分离”工艺为：先将灯管整体粉碎洗净干燥后回收汞和玻璃管的混合物，然后经焙烧、蒸发并凝结回收粗汞，再经汞生产装置精制后供荧光灯用汞，每支灯管回收10～20 mg。该工艺的特点是结构紧凑、占地面积小、投资少，但荧光粉较难被再利用。日本北海道山区的野村兴产株式会社的主要业务是一次废弃电池处理和废荧光灯处理，其设在北海道的依托模卡矿业所原有废荧光灯管的处理能力为1 000万支/年，2001年12月投资 6 亿日元，新增每年 2 250 万支的处理能力，2002 年的处理量已达 7 300 t（约 3 650 万支），同时取得了从菲律宾进口废荧光灯管的处理权。提取废荧光灯中的汞一年可达 40 t，满足日本全年的工业需求量，实现了真正意义上的循环利用，从而也确保了企业的运行成本和利润。

"切端吹扫分离"工艺是：先将灯管的两端切掉，吹入高压空气将含汞的荧光粉吹出后收集，再通过真空加热器回收汞，其生成汞的纯度为 99.9%。该技术特点是可有效地将可回收利用的稀土荧光粉分类收集，但投资较大。

日本 NKK 环境公司专业从事废弃塑料回收，其 2000 年从德国引进废弃荧光灯管"切端吹扫分离"再生装置，并充分利用其在日本关东地区回收废弃塑料的网点和物流系统进行废旧荧光灯管的集中回收，2001 年处理量达到 600 万支，2002 年扩大到 800 万支。再生汞集中运到德国精制后供该国工业使用。荧光粉和玻管同样供应相关企业利用。

四、我国废弃荧光灯回收处理处置

（一）环境管理政策

虽然，我国已将废弃荧光灯列为危险废物，并针对其制订了相应环境管理法律法规。但目前法规尚未明确我国废弃荧光灯的回收责任主体；同时，现行危险废物相关的法律法规中缺少废弃荧光灯回收处理的资金支持机制，因此处理企业缺乏对废弃荧光灯回收处理的动力。

（二）回收体系建设

目前，我国仅有北京市、天津市、南宁市、长沙市等少数城市的部分机构和社区开展了废弃荧光灯回收试点运行工作，尚未建立有效的废弃荧光灯回收体系和设施。以北京为例，北京生态岛科技有限责任公司 2012 年废弃荧光灯回收量为 367 万支，为其处理能力的 48.9%，约为北京市同年废弃荧光灯预计产生量（1.21 亿支）的 3.03%。绝大部分废弃荧光灯最终混入生活垃圾，进入生活垃圾处理处置设施。

（三）处理技术与设施

目前，我国具备含汞废物处理资质的企业约 30 家。针对废弃含汞荧光灯处理，我国处理企业主要采用的工艺分为湿法处理、机械破碎处理以及瑞典 MRT 公司的"破碎+蒸馏"工艺。

1. 处理技术与设备

废弃荧光灯处理技术按处理工艺可分为干法和湿法两种。目前，我国绝大部分废弃荧光灯处理设施采用干法处理。干法处理工艺中，主要采用瑞典 MRT 公司的"直接破碎"

与“汞蒸馏”工艺装备，该工艺装备操作简便、汞回收率高。我国现共有MRT设备14套，其中4套分别位于北京、上海、武汉、深圳的第三方回收处理机构，其余10套在浙江、福建、广东的荧光灯生产企业，西部地区没有处置设施。

1999年，宜兴市和桥镇的宜兴市苏南固废处理综合利用厂建成了江苏省首座含汞灯管处理装置，同时配套建成了废水和废气净化系统，可年处理1 500 t含汞灯管。该工艺流程主要是：将破碎后的废旧灯管经过两道工序脱汞和两级漂洗，金属汞和硫酸汞等被全部回收利用，清洗后的玻璃也变成再加工的原料。酸洗和漂洗废水经处理后循环利用。大连力达环境工程有限公司将废旧日光灯管利用卧式旋转破碎机粉碎，汞气体在风机产生的负压气流引导下进入吸收系统，第一级为文丘里管吸收，第二级为带滤料的喷淋塔吸收，吸收液为高锰酸钾的水溶液；破碎后分拣出金属，分拣后的玻璃碎片经过洗涤去除荧光粉后回收利用，洗涤时在往复式振动筛喷淋洗涤，洗涤液循环使用，在洗涤过程中采用硫酸溶液清洗；含汞高锰酸钾弱碱性废水，采用铁粉还原的方式，反应完成后经过沉淀、过滤，沉淀废渣进入渣处理系统；洗涤玻璃的弱酸性废水，先用酸碱调pH值为7±0.3，然后加入氯化钙反应，最后出水加石灰调整中和。在负压下保证含汞气体不泄漏，玻璃和金属的回收利用。

2008年，厦门市政府引进MRT公司的“直接破碎”与“汞蒸馏”工艺，选址环东海域进行两期建设，一期年处理废弃节能灯管4 800 t，主要服务于荧光灯管生产企业；二期满足企业的同时兼顾处理回收民用废弃荧光灯管。2009年，上海电子废弃物交投中心有限公司投资300万元，引进MRT公司的该工艺装备，兴建废弃荧光灯管环保处置工程，工程目标年处理废弃荧光灯管1 728 t（约540万支），2010年上半年投入运营。2010年，浙江省临安宇洁含汞固体废物处理有限公司投资1 200万元购买了两套MRT公司破碎+蒸馏组合工艺，年处理能力达到1 728 t，2011年投入运营，实际年处理量约1 000 t。

2013年，荆州大明灯业有限公司经过两年多的研制、改进和开发后的废旧荧光灯处理设备也终于问世。该处理设备主要由粉碎机、分离装置、螺旋输送机、风选装置、除尘器、关风卸料装置等部分组成，具有以下创新特点：汞合金自动分离及回收系统；选用电磁自动分离装置；设计蒸气循环处理系统；玻璃碴残余金属汞处理技术；磁力分选装置与荧光粉收集装置。废旧荧光灯通过该设备处理后，所有回收的材料中汞的含量经第三方检测均达到国家标准要求。

2. 处理能力及布局

2014年，我国已获得含汞灯管（HW29含汞废物）类危险废物经营许可证的设施仅3家，分别为北京生态岛科技有限责任公司、厦门通士达照明有限公司、宜兴市苏南固废处理有限公司，处理能力分别为1 500 t、3 600 t和5 000 t，总处理能力10 100 t，仅为2013年我国废弃荧光灯预计产生量的1.95%。

其他尚无危险废物经营许可证的设施主要为荧光灯生产企业自有，用于处理企业生产过程中产生的荧光灯。

五、我国废弃荧光灯管处理存在的问题

（一）缺乏自主研发的、处理效率高的装备

目前，我国对废弃荧光灯的处理尚处于起步阶段。由于废弃荧光灯湿法处理产生的废水难以处理，因此具备废弃荧光灯处理资质的处理企业大部分采用干法处理，并从国外引进机械破碎分选设备，以瑞典 MRT 工艺装备为主，而我国尚无自主研发干式机械破碎设备。

从瑞典 MRT 公司引进的“直接破碎”与“汞蒸馏”工艺装备，针对直管形荧光灯和异形节能灯需分开进行处理，并且对异形节能灯处理效果不佳，荧光灯中金属、塑料以及玻璃不能达到较好的分离效果，更无法处理高压汞灯，已无法满足目前国内的处理现状。该设备中汞蒸馏装置，采用静态高温蒸馏，处理时间常达 10 h 以上，能耗高。同时，国外设备价格昂贵，运行成本高，给废弃荧光灯处理企业带来较大经济压力。针对废荧光灯处理，亟须开发出处理对象兼容性强、分离效率高且价格实惠的处理装备。

我国废弃荧光灯处理目前主要依赖国外进口设备，导致利润较低的处理处置工作增加了较多的成本，从而使得大多数地区放弃采用单独的处理设备，一定程度上促使了部分地区采用填埋或焚烧的方式将废弃荧光灯与生活垃圾一起混合处置。

（二）缺乏完善的废弃荧光灯管回收体系

我国每年产生废弃荧光灯约上亿支，但大部分废弃荧光灯被作为一般生活垃圾丢弃而进入填埋场，未能进入正规处理企业进行无害化处理，往往导致废弃荧光灯处理企业处于“吃不饱”状态，处理设备无法满负荷运行。我国大多数居民希望废弃荧光灯管能被合理回收，但却因没有回收渠道导致居民只能将废弃灯管扔进垃圾桶。目前，废弃荧光灯处理企业回收的废弃荧光灯主要来自政府、企事业单位及学校等单位，广大居民所产生的废弃荧光灯暂无回收。我国刚开展废弃荧光灯回收相关工作，亟待建立完善的废弃荧光灯回收体系。

（三）荧光粉中的稀土金属未得到有效回收

随着我国稀土矿藏的过度开发，我国稀土储量大幅度减少，目前稀土金属是我国重要的战略资源。稀土荧光粉的生产是稀土金属的主要用途之一，荧光灯是稀土荧光粉最主要的使用领域。2005 年我国荧光粉产量为 2 500 t，2011 年达到 8 000 t，其中 90%左右用于荧光灯生产。稀土荧光粉主要成分为红粉、绿粉和蓝粉，主要含有钇、铕、铽、铈 4 种稀土金属，约占荧光粉总量的 20%。据估算，稀土元素中几乎所有的铕、85.2%的铽和 76.7%的钇用于稀土荧光粉的生产。因此，废荧光粉中稀土金属尤其是钇、铕和铽具有很好的资源化回收价值，是一种潜在的稀土二次资源。

目前，我国废弃荧光灯处理企业将经过破碎分选负压收集的荧光粉进行高温蒸馏脱汞

处理，去除荧光粉中的重金属汞而得到无汞荧光粉。由于收集的荧光粉中荧光灯玻璃含量较高，导致其中稀土金属品位大幅度减小，进而导致其稀土金属回收成本增加，经济效益较差。目前，废荧光灯处理企业将脱汞处理后的荧光粉作为危险废物进入危险废物填埋场处理，从而造成严重的稀土资源浪费。

六、我国废弃荧光灯管管理与处理处置建议

第一，推动废弃荧光灯回收网络及设施建设。积极推动废弃荧光灯回收试点工作开展，根据试点区域回收情况改进并逐步推广试点区域废弃荧光灯回收模式。对机关、企事业单位、大型公建及商场等废弃荧光灯产生源，发布相关政策或指南，规范其废弃荧光灯处理方式。

第二，政策鼓励、资金支持相关处理企业自主研发适合我国国情的处理设备，需要具有可同时处理如直管形荧光灯管、异形节能灯及高压汞灯等多种类型荧光灯的能力，实现金属、塑料、玻璃以及荧光粉高效分离回收，最大限度实现废弃荧光灯中有价物质的高效资源化回收，填补我国在该领域的技术空白。相比国外处理装备，要具有处理能力强，价格实惠等优势，以便于设备推广应用，真正提高我国废弃荧光灯处理技术水平。废弃荧光灯处理企业应与稀土资源回收企业加强技术交流合作，开发回收的废弃荧光粉中玻璃与荧光粉高效分离技术，提高其资源化回收可行性。通过将稀土金属从废弃稀土荧光粉中提取回收，避免环境污染，实现我国稀土资源可持续利用。

第三，根据含汞灯管（HW29含汞废物）类危险废物处理设施相关规定，鼓励荧光灯生产企业建设废弃荧光灯处理设施，将符合条件的生产企业纳入废弃荧光灯回收处理行业。

第四，针对废弃荧光灯回收体系，根据废弃荧光灯的产生和分布情况，政策应给予高度重视和支持，完善相关配套法规及实施细则，合理利用现有处理设施，恰当布局，新建处理设施。探索采用移动式处理设施解决废弃荧光灯问题的可行性，降低废弃荧光灯长距离运输的风险。处理企业处理废弃荧光灯的经济效益要低于电子废弃物，国家可考虑将废弃荧光灯回收处理纳入国家基金补贴名录，对荧光灯回收处理实施基金补贴，在提高处理企业积极性的同时，也可促进废弃荧光灯进入正规处理企业进行无害化处理。

第五，鼓励生产企业研发无汞荧光灯和其他替代照明灯具，从源头降低废弃荧光灯的环境和健康风险。

第六，加强宣传教育，树立公众对于废弃荧光灯的正确认识，改善公众垃圾处理方式，最终促进回收体系的完善。

（本报告由巴塞尔公约亚太区域中心和上海第二工业大学共同编制）

第二章

我国废电路板管理政策建议

根据联合国大学（UNU）的研究，2012 年全球电子废物的产生量约为 4 890 万 t，其中美国和中国是电子废物产生量最多的两个国家。以废电路板在电子废物中所占的平均比重为 3%计，估算废电路板的废弃量约为 146.7 万 t。我国在电子废物管理方面已经取得一定的进展，但废电路板的无害化管理及资源化回收仍是我国电子废物管理及处理处置的挑战之一。据估算，2013 年我国各类电子废物产生总量近 500 万 t，估算其中废电路板约 15 万 t。此外，我国是电路板生产大国，预计每年线路板生产企业产生边角料等十几万吨，此外还有非法进口废弃电器电子产品拆解产生的废电路板。

本章拟对美国、比利时、瑞典及日本等国电路板管理及处理处置现状进行研究，为我国促进废电路板的无害化管理和处理提出建议，为完善我国电子废物管理工作提供参考。

一、国外废电路板管理及产业情况

（一）美国废电路板管理及产业情况

1. 管理政策

美国没有废电路板管理的专项立法。按照美国毒性特征浸出程序（Toxicity characteristic leaching procedure，TCLP），电路板中铅的浸出量超过美国《资源保护与回收法》（RCRA）的危险废物鉴别标准，属于危险废物，应按危险废物管理。同时，RCRA 根据电路板的状态及其处理处置目的，进行了相应的危险废物管理豁免[①]：①对于未使用过的完整的电路板，被认定为未使用的商业产品，不在联邦危险废物管制之列；②对于已经使用过的完整的电路板，该电路板既满足 RCRA 关于废物的定义，也满足关于金属碎片的定义。作为金属碎片，这些完整的废电路板在回收利用时被豁免，免予联邦危险废物法规的管制；③破碎的电路板，如果被存储在足以阻止释放到环境的集装箱中，优先用于回收利用，且除去了含汞开关、含汞继电器、锂电池、镍铬电池，则不再符合固体废物的定义，不在危险废

① http://www.epa.gov/epawaste/conserve/materials/ecycling/rules.htm.

物管制之列。如果含汞开关、含汞继电器、锂电池、镍铬电池作为破碎的电路板的一部分，不用于回收利用，则这些材料被视为危险废物，必须作为危险废物进行相应处理。

目前废弃的电路板，大都使用铅焊锡，导致铅的浸出量超出美国危险废物鉴别标准。近年来，随着欧盟《关于限制在电子电器设备中使用某些有害成分的指令》（RoHS 指令）以及制造商绿色设计共识标准，如电子产品环境评估工具（EPEAT）等的兴起，新的电路板被要求不使用铅焊锡，铅的浸出量可能不会超过 RCRA 危险废物鉴别标准，因此，未来有可能废电路板不在危险废物管制之列。

根据美国危险废物许可证的要求，处理、贮存、处置废电路板等危险废物的企业必须获得由美国 EPA 区域办事处或各州授权机构颁发的危险废物许可证。同时，电路板作为电子废物的组成部分之一，其回收、处理、处置遵循电子废物管理相关政策法规，但目前美国没有联邦层次的电子废物立法，有 25 个州、市颁布了电子废物相关立法。此外，EPA 鼓励选择通过 EPA 参与开发的 R2（Responsible recycling practices）企业认证或巴塞尔行动网络开发的 E-stewards 认证（E-stewards Certification）的回收处理设施处理电子废物，包括废电路板。

此外，美国对按照危险废物管理的电路板的出口，需要遵循向出口国发送出口通知，并获得出口国同意等出口程序；危险废物的进口，需要满足相应的联单要求。但同时，E-stewards 认证要求严格控制危险电子废物的出口，需符合《控制危险废物越境转移及其处置巴塞尔公约》（以下简称《巴塞尔公约》）及其修正条约，禁止发达国家向发展中国家出口危险电子废物。

2. 技术及环保要求

根据美国危险废物管理要求，美国危险废物产生及处理处置企业，利用危险废物追踪系统（如条形码系统）对其内部的危险废物流动要进行追踪管理。同时 R2 或 E-stewards 认证也对电子废物包括废电路板提出了相关要求，如 R2 认证认为，整体或破碎的电路板，除非不含有铅焊锡，且含汞部分及电池部分已被安全有效地拆除，否则电路板属于需要关注的部件，要求制订受关注部件的管理计划，必须说明废电路板是如何识别并进入处理场所，电路板在设施内的处理过程或是在下游处理商处的回收利用链；企业需对其产业链下游的回收利用过程进行尽职的调查，保证下游材料的回收和处理处置行为得当；当电路板中的金属得以回收或是精炼到可作为原材料再出售时，其回收处理过程才被认为已经完成；属于受关注部件的电路板或是含有电路板的设备或部件不能采取能源回收、焚烧或是填埋等方式作为处理策略，除非法律要求；电路板粉碎前，电池及灯管等部件需要移除。E-stewards 认证将废电路板列为危险废物，除非能有效证明其重金属含量检测值低于美国的 TCLP 限值标准。E-stewards 认证要求安全移除含有毒物质的如电路板，以避免对其进行切碎、加热、粉碎等，除非电路板的最终处理者要求；管控、跟踪并限制电路板的下游处理，直至该材料成功完成符合标准的最终处理处置；电路板的最终处理是火法冶金或湿法冶金。火法冶金，如集中冶炼铜的过程中，需要监控和限制废气排放，连续监控烟气控制二噁英排放；湿法冶金过程中，需要控制烟雾与有害残留，阻止向环境释放或暴露等。

3. 产业情况

（1）产生及流向

根据 UNU 的研究，2012 年美国电子废物产生量达 936 万 t，由此预估其中废电路板约 28 万 t。根据美国 EPA 报告，EPA 发起的“消费电子产品回收牵头计划”（eCycling Leadership Initiative）于 2012 年回收了 26.5 万 t 电子废物，估算回收处理的废电路板约 0.8 万 t。

美国电路板处理的典型流程是：①计算机及其他含有电路板电子废物，由处理企业或是回收组织收集后，送往电子废物处理企业；②处理企业根据其处理能力，对电子废物进行人工拆解或机械破碎；处理企业可能会自行处理废电路板，或者送往有能力处理的处理企业进行处理；由于体积小及人工拆解难度大，废手机通常是整机破碎而不是人工拆解；③拆解或粉碎后的电路板，大部分主要是运往国外金属冶炼厂或再生铜冶炼厂。

（2）处理设施及技术

美国境内目前主要是有 R2 或 E-stewards 认证的电子废物处理企业，但是缺乏专门的废电路板处理企业。在美国，有一些小型的金属冶炼厂使用部分电子废物及废电路板作为冶炼原料（但电路板并非主要原料），如阿宾顿金属有限责任公司（Abington Reldan Metals），该公司通过了 E-stewards 及 R2 认证等，废电路板主要处理技术路线包括焙烧—熔化—磨筛—化学提炼。

大部分的废电路板最终被送到国外少数几家大型的金属冶炼厂或是再生铜冶炼厂，如加拿大的诺兰达回收处理公司（Noranda Recycling），大部分回收的电子产品在位于诺兰达的霍恩（Horne）冶炼厂进行冶炼，在位于蒙特利尔的铜精炼厂（Canadian Copper Refinery，CCR）进行精炼，CCR 生产纯的铜、金和银，而铂系金属的最终冶炼则由第三方完成，如优美科公司（Umicore）。Horne 冶炼厂是北美唯一一家大规模处理废弃物的铜业公司，同时处理铜精矿和再生原料，年处理 10 万 t 电子废物，主要技术路线包括熔化—精炼—电解。

（二）比利时废电路板管理及产业情况

1. 管理政策

比利时无废电路板管理专项立法。经比利时弗拉芒区公共废品管理署确认，如果废电路板中不含有毒有害物质/部件，如电池、汞、多氯联苯等，则不属于危险废物，按照电子废物管理；如果废电路板中含有毒有害物质，如电池、汞、多氯联苯等则属于危险废物，同时按照危险废物及电子废物管理。

在比利时，电子废物的利用、处理企业都需要省政府环保主管部门的许可，许可企业必须符合国家法律的规定，各种污染物排放必须符合国家和地方标准要求。同时，比利时统一的电子废物回收系统——Recupel 对电子废物回收处理商的选择非常严格，必须达到严格的环境和效率标准，如需获得质量管理标准 ISO 9001：2000 以及环境管理体系认证 ISO 14001 等，并对回收处理企业进行监管。

此外，比利时作为《巴塞尔公约》的缔约方，禁止出口废电路板等危险废物到非经济合作与发展组织国家，在遵守《巴塞尔公约》有关要求的前提下，比利时政府允许有能力处理类似电池、线路板等回收利用的企业，从国外进口废旧资源进行处理。

2. 技术及环保要求

涉及比利时废电路板处理技术及环保要求相关的主要是欧盟 WEEE 指令（2012/19/EU）、Recupel 的合作要求及 WEEE 论坛[①]开发的 WEEELABEX 标准。欧盟 WEEE 指令要求，废手机中的电路板，及其他废弃电器电子产品中表面大于 10 cm^2 的电路板，应从其他分类收集的废弃电器电子产品中除去。Recupel 要求将废电路板取出单独存放；对于废电路板的合作处理商，或者是含有高价值电路板的电子废物（如手机、智能手机、PDA 设备、存储卡等）的合作处理商，要求能够回收金、银、铜、钯，以及镍、锡、锑三种金属中的至少两种。WEEELABEX 标准要求被移除的废电路板及包含此类电路板的电子废物应单独存放；废电路板的流入、流出量要有记录；要防止废电路板的机械加工过程中的粉尘及重金属扩散；经营者应记录废物来源及下游处理链，包括转卖或跨境运输情况等。

3. 产业情况

（1）产生及流向

根据 UNU 的研究，2012 年比利时电子废物产生量约 25 万 t，由此预估其中废电路板约 0.75 万 t。根据 Recupel 统计，2013 年比利时 WEEE 收集总量约为 12 万 t，估算回收处理的废电路板约 0.36 万 t。

拆解产生的废电路板主要流向比利时境内的废电路板处理设施，即优美科公司（Umicore）。同时，其他国家的废电路板也会出口到优美科进行处理。

（2）处理设施及技术

比利时 Recupel 与 4～5 家电子废物处理商签有协议处理回收的电子废物，但废电路板处理设施只有优美科，优美科也是 Recupel 主要合作伙伴之一。比利时境内拆解产生的废电路板主要运往优美科旗下的冶炼厂进行处理，位于霍博肯（Hoboken）市的工厂处理各种废电路板，包括低价值的废电路板，如电视、显示器、打印机、无绳电话、计算器等的电路板；价值中等的电路板，如计算机、笔记本电脑和掌上电脑的电路板；高价值电路板，如大型电脑主机、手机等的电路板。废电路板被直接送往铜冶炼设施，采用艾萨喷枪熔炼技术，分离铅炉渣和粗铜，然后再进一步处理和精炼。霍博肯冶炼厂每年处理包括各种电子废物在内的富含金属的废弃物 35 万 t。

---

① WEEE 论坛是由 39 个废弃电器电子产品回收和资源化组织及生产者责任组织 PRO 或 WEEE systems 组成。

（三）瑞典废电路板管理及产业情况

1. 管理政策

瑞典无电路板管理专项立法。经瑞典环境保护局确认，瑞典对废电路板的管理没有特定要求，遵从关于危险废物处理处置的一般要求。同时废电路板遵循电子废物相关管理要求，如瑞典《废旧电器电子产品预处理条例》要求废弃电器电子产品的回收者应持有地方当局颁发的废物回收、清除或进一步预处理的许可证，同时，废弃电器电子产品的预处理企业应通过环境质量管理标准 ISO 9000 或环境管理体系 ISO 14000 认证（开工前两年不要求认证）。

瑞典也是《巴塞尔公约》的缔约方，禁止出口废电路板等危险废物到非经济合作与发展组织国家。同时，瑞典不进口电子废物或危险废物，但是会将一些处理后用于回收的材料出口到其他欧盟国家，如德国，但是出口要通过事先知情同意程序。

2. 技术及环保要求

瑞典将电子废物的拆解处理及再生资源回收称作预处理，不包括有毒有害物质的最终处置。对电路板含量比较高的计算机、手机、平板显示器等废物的处理，需要预先拆除有毒有害部件，然后对金属等进行回收利用，如电路板中含有的金银等稀贵金属得以回收，并作为制造新产品的原材料；木材、塑料、纤维等不能回收利用的则送往特殊场所进行焚烧，回收热量或发电。

《废旧电器电子产品预处理条例》遵循欧盟 WEEE 指令要求，废手机中的电路板及其他废弃电子电器产品中表面积大于 10 cm^2 的电路板，在预处理过程中应被拆除，分开处理。此外，瑞典的回收机构主要有 EI-Kretsen 公司与电子产品回收协会（EÅF）等，EI-Kretsen 与 EÅF 都是 WEEE 论坛的成员，EI-Kretsen 及 EÅF 选择合作处理商时会考虑 WEEELABEX 标准。

3. 产业情况

（1）产生及流向

根据 UNU 的研究，2012 年瑞典电子废物产生量达 23.6 万 t，由此预估其中废电路板约 0.71 万 t。根据瑞典环保局的数据，2013 年，瑞典电子废物的回收总量达到 17.5 万 t，估算回收处理的废电路板约 0.53 万 t。拆解产生的废电路板主要流向境内的电子废物处理企业，同时，根据相关研究报告[①]，拆解下来的部分废电路板被送往挪威北部的公司处理。

（2）处理设施及技术

瑞典境内废电路板处理设施主要有波立登冶炼公司（Boliden），斯特纳集团（Stena）等废电路板处理企业。Boliden 公司的 Rönnskär 冶炼厂有三类冶炼炉：一是 Boliden 自主设计的卡尔多炉（Kaldo），用来处理电子废物；二是处理其他二次材料的电炉；还有一个

① 国家发展和改革委员会资源节约和环境保护司，废弃电器电子产品回收处理研究与实践，北京：社会科学文献出版社，2012。

处理精矿的奥托昆普闪速炉。其中，电子废物处理量占比14%。卡尔多炉主要处理的是手机和计算机电路板。这些废弃物广泛来源于欧洲各地，经铁路运送到Rönnskär。电子废物到达Rönnskär前，会经过拆解、分拣等预处理，玻璃、一定量的塑料、铁及铝会被分离出来，其余部分经过破碎，作为进入卡尔多炉的原材料，Rönnskär冶炼中心的电子废物年处理能力达12万t。

Stena集团旗下专门处理电子废物的Stena Technoworld事业部，已拥有8个处理设施，所有处理厂均遵照ISO 14001体系，是EI-Kretsen的合作回收处理商之一。其处理的电子废物包括冰箱、空调、平板显示器、CRT电视及显示器、大型设备、灯泡、IT设备及小型电子设备等。电子废物进入Stena Technoworld的拆解设施前，所有有毒有害的材料或部件，如电池、含汞开关、CFCs等，通过人工安全有效地移除，避免对人体、环境产生危害。通过人工处理后的电子废物，包含废电路板，一起进入下一步的破碎分选过程，采取高效的对环境友好的方式进行回收利用，得到二手原材料如铁、铝、铜、塑料、玻璃等，稀有金属如金、银、钯等，作为制造新产品的原材料；不能回收利用的部分如塑料、木材等则用于焚烧发电。

（四）日本废电路板管理及产业情况

1. 管理政策

日本无电路板管理专项立法。废电路板中由于含有铅焊锡，认为是危险废物，同时按照危险废物及电子废物管理，此外，日本将废电路板作为含有很多贵重金属的"城市矿山"，鼓励回收利用。日本废旧家电资源循环设施的建立与运行需由经济产业大臣和环境大臣共同认定。

为促进手机、数码相机等小家电产品中贵重金属的回收利用，日本颁布了《小家电回收法》，对从事废小家电资源化的企业实行资质认证制度，即需要得到国家认可。

日本也是《巴塞尔公约》的缔约方。为了履约，日本制定了《特定有害废弃物等进出口限制相关法律》（通称《巴塞尔法》），电路板属于公告附表1-3中的物质，禁止出口至非经济合作与发展组织国家。

2. 技术及环保要求

修订后的《家用电器回收法》对各种原材料的回收率进行了调整，金属原料的回收率从80%提高到95%。同时，要求企业以长远的眼光，重视对稀有金属回收的研究，推进这方面的技术开发。

此外，将平板电视纳入再生利用范畴，平板电视中电路板约占整机重量的10%。根据日本电子信息技术产业协会的调查，平板电视中的电路板中 76 wt%是电源印刷电路板，24 wt%是高品质的控制印刷电路板，根据市场情况，目前日本仅将高品质的控制印刷电路板作为再生利用的对象。[①]

3. 产业情况

（1）产生及流向

根据 UNU 的研究，2012 年日本电子废物产生量达 274 万 t，由此预估其中废电路板约 8.2 万 t。2013 年日本回收的废旧家用电器近 1 000 万台，约 30 万 t，估算回收处理废电路板约 0.9 万 t。拆解产生的废电路板流向日本境内如同和集团（Dowa）及三菱综合材料株式会社（Mitsubishi Materials Corporation）等废电路板处理设施进行处理，此外，日本还有一些小型冶炼厂可处理废电路板。同时，日本也尝试从如印度等国进口高品质废电路板进行贵金属冶炼。

（2）处理设施及技术

日本境内电路板的处理设施主要有同和集团、三菱综合材料株式会社等旗下一些较大型及其他一些小的处理设施。日本同和集团主要使用湿式处理方法和干式处理方法，从计算机基板、移动电话电路板、废家电等电路板中回收有价金属。同和旗下小坂（Kosaka）冶炼厂的技术是基于芬兰公司 Outotec 营销的奥斯麦特（Ausmelt）顶吹埋入式喷枪（Top submerged lance，Ausmelt TSL），电子废物全部经过切碎处理后再进行冶炼。

三菱综合材料株式下辖的直岛町（Naoshima）冶炼厂对电子废物的年处理量是每年 4 万～4.5 万 t，包括高等级的电路板、切碎的线路板和手机，以及低级的家用电器电路板及碎片等。高等级材料在三菱 S-炉处理，低等级材料通过二级炉—回转窑处理。废电路板来自世界各地，而家用电器的废弃材料由三菱专门的家电回收公司提供。

二、我国废电路板管理及产业情况

（一）管理政策

我国没有出台废电路板专项立法。根据《国家危险废物名录》（2008），其中废弃的印刷电路板属于危险废物（HW49），废物代码 900-045-49，具有毒性，应按照危险废物管理。同时，电路板主要是电子废物核心零部件及主要拆解产物之一，其回收处理遵循电子废物管理相关法规政策。此外，为履行《巴塞尔公约》，国家环保总局发布的《危险废物出口核准管理办法》，禁止向《巴塞尔公约》非缔约方转移危险废物，向中国境外《巴塞尔公约》缔约方出口危险废物，必须取得危险废物出口核准。此外，2009 年第 36 号关于调整进口废物管理目录中[②]，将包括印刷电路板等元器件及废弃电器电子产品列入禁止进口固体废物目录。

根据《危险废物经营许可证管理办法》（2004），从事废电路板收集、贮存、处置经营

① 张友良，日本《家电再生利用法》修订概要，标准与认证，2010（6）。

② 2014 年 12 月 30 日发布了修订的《进口废物管理目录》（2015 年）。

活动的单位，应当持有由省、自治区、直辖市人民政府环境保护主管部门审批颁发的危险废物经营许可证，且具有废电路板处理相关经营范围。根据《废弃电器电子产品处理企业资格许可管理办法》和《废弃电器电子产品处理企业资格审查和许可指南》配套政策，规定设区的市级人民政府环境保护主管部门审批废弃电器电子产品处理企业资格，对符合条件的，颁发废弃电器电子产品处理资格证书。废弃电器电子产品处理资格许可企业自行处理拆解废弃电器电子产品产生的废电路板的，产生的非金属组分应当自行委托符合环保要求的单位进行最终无害化利用或处置；对拆解产生的电路板不能妥善处理的，应当交由持有危险废物经营许可证并具有相应经营范围的企业进行处理。废弃电器电子产品处理资格许可企业如不具有危险废物经验许可证，不能接收并处理外来的电路板。

（二）技术及环保要求

我国没有制订废电路板处理的专门处理技术规范及指南等文件，废电路板的管理、处理技术、设备及环保要求主要参照危险废物处理单位的要求及废弃电器电子产品处理相关技术文件中涉及废电路板处理的相关规定。如《废弃电器电子产品处理企业资格审查和许可指南》（2010）要求废弃电器电子产品处理资格许可企业应具备废弃电器电子产品相适应的处理设备，如涉及拆解电路板等元（器）件、（零）部件应具有负压工作台，此外根据所用处理工艺，须具备相应的设备或装置、设施，以及要求废弃电器电子产品处理设施具有与所处理废弃电器电子产品相配套的污染防治设施、设备并通过环境保护竣工验收；《废弃家用电器与电子产品污染防治技术政策》要求表面积大于 10 cm^2 的印刷线路板应单独拆除，分类收集；《废弃电器电子产品处理污染控制技术规范》提出了电路板的收集、运输、贮存、拆解和处理的污染控制技术要求等。

（三）产业情况

1. 产生及流向

据估算，2013年我国产生电视机约4 400万台，计算机约5 100万台，洗衣机约1 600万台，冰箱约1 500万台，空调约2 800万台，废打印机/复印机约4 000万台，手机约2.4亿部，合计近500万t左右，估算其中电路板约15万t。此外，我国是电路板生产大国，预估每年线路板生产企业产生边角料等达十几万吨，此外还有非法进口电子废物拆解产生的废电路板。据环保部统计，自《条例》2011年施行以来，全国处理企业共拆解产生10.6万t电路板，其中2013年拆解产生了约5.2万t电路板。

电路板生产企业产生的电路板边角料主要流向具有废电路板处理危险废物经营许可证的危险废物处理企业；废弃电器电子产品处理企业拆解产生的废电路板主要集中流向具有废电路板资源化能力的废弃电器产品处理许可企业，其中部分企业同时具有电路板处理的危险废物经营许可证；流入非正规回收渠道的电子废物或非法进口的电子废物主要流向拆解作坊，进行废电路板拆解及贵金属冶炼，如广东贵屿、浙江台州等拆解作坊集中区域；

此外部分废电路板通过出口流向如新加坡优美科等企业处理。

2. 处理设施及技术

截至 2013 年底，我国危险废物经营许可企业超过 1 700 余家。截至 2014 年 9 月，其中约 105 家具有废电路板处理的资质，核准的废电路板处理能力约 48 万 t（大部分只有线路板处理能力），其中有 21 家同时是废弃电器电子产品处理许可企业，这些企业废电路板的处理能力合计约 16.6 万 t。具有废电路板处理危险废物经营许可证的处理企业主要分布在沿海等电路板生产及经济发达地区，主要集中在江苏省。

具有废电路板处理的危险废物经营许可证企业主要通过破碎分选、湿法及焚烧等方式处理电路板边角料。废弃电器电子处理资格许可企业中部分企业如汨罗万容电子废物处理有限公司、华新绿源环保产业发展有限公司、常州翔宇资源再生科技有限公司等，主要通过机械破碎分选处理废电路板、线路板等，荆门市格林美新材料有限公司、伟翔环保科技发展（上海）有限公司等采用湿法处理线路板、电路板以及一些小电子元件，目前苏州同和资源综合利用有限公司采用火法处理线路板回收金属铜。

三、各国废电路板管理对比分析

（一）电子废物及废电路板全球流向

根据美国统计局数据，美国出口的电子废物主要可分为手机、笔记本电脑、台式电脑、CRT、硬盘和平板显示器六大类，以及这些类别产品的零部件。根据欧盟统计局统计，出口/非法出口的电子废物主要是 IT 及通信设备类以及消费产品类，如计算机、电视机、显示器、手机、打印机等。随着这些电子废物整机及零部件出口，电路板也随之流向各地区。

根据相关研究[①]，可知美国、欧洲、亚洲地区的绝大部分电子废物的贸易仍发生在区域内部，亚洲在接收全球电子废物出口中占主导地位，亚洲也有出口电子废物到其他地区，其去向以欧洲居多。

（二）各国废电路板管理对比

从各国废电路板的管理可以看出，美国、比利时、日本、瑞典及中国各国都没有出台专门的法律规范，均是按照危险废物和电子废物的相关规定进行管理，美国为促进废电路板的资源利用进行了一些危险废物管理的豁免。除美国外，比利时、日本、瑞典及中国都是《巴塞尔公约》缔约方，遵守《巴塞尔公约》关于电路板等危险废物的进出口管制要求。下面具体从管理规定、要求、产生流向及处理设施与技术等方面进行各国情况对比，详见表 1-3。

① Lepwasky J, McNabb C (2009) Mapping international flows of electronic waste. The Canadian Geographer, Canadian Association of Geographers 0 (2009):1–19.

表 1-3 各国废电路管理对比分析

项目	美国	比利时	瑞典	日本	中国
管理政策规定					
专项立法	无	无	无	无	无
是否按危险废物管理	是危险废物，同时按危险废物及电子废物管理； 但存在危险废物豁免条件：①认定为未使用的商业产品；②满足金属碎片定义；③满足不符合固体废物定义条件	含有毒有害物质/部件时是危险废物，按危险废物管理及电子废物管理； 如不含有毒有害物质/部件，如电池、汞、多氯联苯等，则不属于危险废物，按电子废物管理	按危险废物管理及电子废物管理	按危险废物管理及电子废物管理	按危险废物及电子废物管理
巴塞尔公约	不适用	适用	适用	适用	适用
进出口管理	对危险废物的出口，需遵循向出口国发送通知，并获得同意等出口程序； 危险废物的进口，需要满足相应的连单要求； E-stewards 认证要求禁止向发展中国家出口	禁止出口到非经济合作与发展组织国家； 在遵守《巴塞尔公约》有关要求的前提下，允许有能力处理的企业进口	禁止出口到非经济合作与发展组织国家； 不进口电子废物或危险废物	禁止出口到非经济合作与发展组织国家； 允许进口废电路板	禁止出口至《巴塞尔公约》非缔约方； 禁止进口
设施许可	须持有危险废物许可证	须持有电子废物处理许可证	须持有电子废物处理许可证	废旧家电资源循环设施的建立与运行需由经济产业大臣和环境大臣共同认定； 废弃小型电子产品由国家认证企业处理	须持有危险废物经营许可证； 持有废弃电器电子产品处理资格许可的企业可处理企业内部拆解产生的电路板

项目	美国	比利时	瑞典	日本	中国
企业认证	鼓励进行 R2 认证或 E-stewards 认证 E-stewards 要求符合环境管理体系 ISO 14001 认证等	回收组织 Recupel 要求获得质量管理标准 ISO 9001：2000 以及环境管理体系认证 ISO 14001 等	《废旧电子电器产品预处理条例》要求预处理企业通过 ISO 9000 或 ISO 14000 认证		无
设施许可管理/办法部门	EPA 区域办事处或各州授权机构	省政府	地方当局	废旧家电资源循环设施由经济产业大臣及环境大臣共同认定；小型电子产品由国家进行资质认证	由设区的市级人民政府环境保护主管部门颁发
下游产业链管理	R2 要求企业对其产业链下游的回收利用过程进行尽职的调查，保证下游材料的回收和处理处置行为得当； E-stewards 认证要求管控、跟踪并限制电路板的下游处理，直至该材料成功完成符合标准的最终处理处置	WEEELABEX 标准要求经营者应记录废物来源及下游处理链，包括转卖或跨境运输情况等	WEEELABEX 标准要求经营者应记录废物来源及下游处理链，包括转卖或跨境运输情况等		
技术与环保要求					
回收处理相关要求文件依据	①40CFR 270 危险废物许可证； ②R2 认证 ③E-stewards 认证	①欧盟 WEEE 指令 ②WEEE 论坛开发的 WEEELABEX 标准 ③Recupel 的合作要求	①欧盟 WEEE 指令 ②《废旧电子电器产品预处理条例》 ③WEEELABEX 标准	①《家用电器回收法》 ②《小型家电回收法》	①《危险废物经营许可证管理办法》 ②《废弃电器电子产品处理企业资格审查和许可指南》 ③《废弃家用电器与电子产品污染防治技术政策》 ④《废弃电器电子产品处理污染控制技术规范》

项目	美国	比利时	瑞典	日本	中国
技术与环保要求	R2认证：废电路板属于受关注部件；制定全过程管理计划；保障下游材料的回收处理行为得当；无具体技术要求，除非法律要求，否则不能采取能源回收、焚烧或是填埋等方式等 E-stewards认证：废电路板属于危险废物；避免进行切碎、加热、粉碎等，除非电路板的最终处理者要求；提出了火法冶金和湿法冶金的污染控制要求	Recupel要求废手机中的电路板及其他废弃电子电器产品中表面积大于10 cm^2的电路板，分类收集存放；能够回收金、银、铜、钯，以及镍、锡、锑三种金属中的至少两种金属	废手机中的电路板，及其他废弃电子电器产品中表面积大于10 cm^2的电路板，分类收集存放；WEEELABEX标准要求防止废电路板的机械加工过程中的粉尘及重金属扩散等	金属原料的回收率从80%提高到95%；重视对稀有金属回收的研究，推进这方面的技术开发；将平板电视纳入再生利用范畴，将高品质的控制印刷电路板作为再生利用的对象等	分类收集；无具体技术要求，但禁止采用无环保措施的简易酸浸工艺提取贵重金属等，禁止直接填埋；规定了拆解破碎、湿法及火法等不同处理方式污染控制设备
产生、回收及流向					
产生量（电子废物拆解产生）	28万t	0.75万t	0.71万t	8.2万t	15万t
回收处理量（电子废物拆解产生）	0.8万t	0.36万t	0.53万t	0.9万t	5.2万t
流向	少部分流向国内部分小冶炼厂，大部分流向国外大型贵金属冶炼厂或是二次铜冶炼厂，如加拿大的诺兰达企业（Noranda Recycling）	主要流向境内的优美科（Umicore）；同时，其他国家的废电路板也会出口到优美科进行处理，如非洲等	主要流向境内处理设施；部分送往挪威北部的公司处理	主要流向境内处理设施；同时，进口高品质废电路板处理，如2014年计划从印度进口约600 t电路板	主要流向国内处理企业；将部分电路板出口至新加坡等进行贵金属提炼；苏州同和等铜冶炼产生的金属浓缩残渣运往日本进行进一步处理

项目	美国	比利时	瑞典	日本	中国
处理设施、处理能力及技术					
主要处理设施	小型冶炼厂（但不以废电路板为主要原料），如阿宾顿金属有限责任公司（Abington Reldan Metals）	大型冶炼厂优美科（Umicore），如旗下霍博肯冶炼厂	与 El-Kretsen 结盟的电子废物处理企业如斯特纳集团（Stena）等； 冶炼厂如波立登（Boliden）公司等	大型冶炼厂如同和（DOWA）的小坂（Kosaka）冶炼厂，三菱综合材料株式会社直岛冶炼厂等； 还有一些小型冶炼厂	约 105 家废电路板危险废物处理设施，其中约 21 家是废弃电器电子产品处理资格许可企业
主要技术	阿宾顿冶炼厂技术路线主要包括焙烧—熔化—磨筛—化学提炼； 非金属成分被焚烧	以火法冶炼为主，如霍博肯冶炼厂将废电路板直接送往铜冶炼设施，采用艾萨喷枪熔炼技术，分离铅炉渣和粗铜，然后再进一步处理和精炼； 使用电子废料中的塑料和有机残留物做燃料和还原剂，少量残渣经过处理后制成建筑材料	波立登冶炼以火法冶金为主，采用自主设计的卡尔多炉（Kaldo）； 使用电子废料中的塑料做燃料和还原剂； 斯特纳公司通过机械破碎分析	同和冶炼有火法冶金或湿法冶金，如旗下小坂（Kosaka）冶炼厂的技术是奥斯麦特（Ausmelt）顶吹埋入式喷枪（TSL）； 三菱综合材料株式下辖的直岛町（Naoshima）冶炼厂利用 S-炉或回转窑处理	正规企业主要是机械物理拆解分选，部分企业采用湿法冶金，只有苏州同和可以火法炼铜； 非金属成分主要填埋处理，部分企业用于制造复合材料
处理能力	国内处理能力小	优美科旗下霍博肯冶炼厂每年处理包括各种电子废物在内的富含金属的废弃物 35 万 t	波立登年处理电子废物 12 万 t	直岛町（Naoshima）冶炼每年处理电子废物 4 万～4.5 万 t	电子废物年处理能力达 1.12 亿台（约 330 万 t）； 废电路板年处理能力 48 万 t（主要是线路板处理） 21 家具有废弃电器电子产品处理资格许可企业的处理能力合计约 16.6 万 t
环境影响	主要的环境污染物是焚烧过程中的废气、磨筛过程中的粉尘及化学提炼过程中的废液，美国处理企业一般环境管理要求高，排放达标，环境影响较小； 此外由于大部分电路板出口处理，美国国内废电路板处理造成的环境影响较小	环境管理要求高，所有过程都配备了高效的烟气和废水净化系统，符合严格的环保标准，环境影响小	主要的污染物是机械破碎过程的粉尘污染及焚烧过程的废气污染，但环境管理要求高，环境影响小	制造商负责废旧家电的回收处理，促进家电厂商的环境友好设计；环境管理要求高，环境影响小	正规企业主要是机械物理处理过程粉尘释放，湿法过程的废水排放，以及执处理过程的废气排放等环境影响； 拆解作坊由于采用粗放处理方式，将废气、废水、废渣等随意排放，无污染控制措施，环境污染大

四、我国废电路板管理建议

第一，促进废电路板政策实施，建立监管机制，同时鼓励废电路板的资源利用。各国对废电路板的管理主要都是按危险废物及电子废物管理，都没有出台专门的法律法规。我国危险废物管理及电子废物管理相关文件中对电路板处理的设施、技术及排放标准进行了相关规定，但与美国等发达国家相比，我国废电路板管理的主要问题在于政策的实施与监管力度不足，且国内废电路板处理企业环境意识仍不足，造成规章制度的执行不到位，因此建议基于中国国情，建立废电路板管理监管制度，汇编废电路板管理技术文件，并通过宣传培训等方式促进废电路板管理规定的实施。

第二，加强废电路板处理的全过程管理，加强下游产业链的资质认定及监管。美国等发达国家，不管 R2 认证还是 E-stewards 认证都对废电路板从接收到处理处置的最终过程提出了全过程管理，同时要求管控、跟踪并限制所有危险电子废物如废电路板的下游处理等，保证下游材料的回收和处理处置行为得当。目前，中国电路板的处理仍面临拆解产物如元器件、塑料、非金属粉末等流向管理等问题，建议对拆解产物制定流向监管制度，采取对下游企业进行资质许可等措施，为电路板的处理监管提供依据。此外，要求企业废电路板的来源、类型、数量等进行记录，便于监督及管理。

第三，合理规划废电路板处理设施布局，严格控制废电路板处理设施数量及严格核定处理能力。目前预估我国电子废物中废电路板约 15 万 t，边角料等十几万吨，虽然我国超过 100 家具有废电路板处理资质的企业的产能达 48 万 t，但大部分只有线路板处理能力。其中约有 21 家同时是废弃电器电子产品处理许可企业，这些企业废电路板的处理能力合计约 16.6 万 t，超过预估电子废物中电路板的废弃量，而 2013 年只处理了电子废物拆解产生的 5.2 万 t 废电路板，目前产能过剩，大部分处理企业吃不饱。此外，大部分企业废电路板处理技术落后及污染控制水平不足。根据国际经验，废电路板处理企业虽少，但主要规模化、集中化，宜监管也易产生规模效益。随着我国电子废物规模化、集中化处理趋势，建议在电路板生产集中及电子废物回收处理量集中的省市合理规划废电路板处理企业数量及布局，严格控制处理企业数量及核定其处理能力。严格控制废电路板的处理企业数量也利用监管及产业链的追踪。

第四，鼓励建立废电路板深度资源化设施，提高贵重金属的资源化能力。目前，国外主要通过火法冶金，如利用金属冶炼厂或再生铜冶炼厂处理废电路板。在环境、经济效益及成本等因素权衡的情况下，在未来一段时间内，利用机械物理技术提取金属铜仍将是我国废电路板处理设施的主流技术，但鼓励建立通过火法冶金等技术处理废电路板的深度资源化设施，提取贵重金属。此外，建议开展我国再生铜冶炼企业处理废电路板可行性评估研究。

（李金惠、刘丽丽、杨洁；巴塞尔公约亚太区域中心）

第三章
我国石油行业含油污泥管理与处置的建议

含油污泥是石油开采、集输和炼化过程中产生的一种固体废物，被列入《国家危险废物名录》，相关法律法规要求对含油污泥进行“减量化、资源化、无害化”处理，含油污泥处理已成为石油开采、炼化过程中亟待解决的重要环境问题之一。

含油污泥具有产量大、含油量高、重质油组分多、分布范围广、处理难度大等特点。大庆油田通过对比普通原油和含油污泥中油的性质得知，含油污泥的原油与普通的原油性质相似，只是重质成分有所增加，导致黏度、凝固点、含硫和残炭量略有增加。污泥中分离出来的原油性质与普通原油性质没有明显变化，可作为原油进入炼化系统。因此，含油污泥是重要的不可再生资源，应回用其石油资源。

针对含油污泥的处置与资源化利用，国内外众多学者开展了大量研究，形成了多种技术，并在不同油田得到应用。虽然含油污泥处置技术种类多样，但不同技术处置效果不同、处理费用悬殊且目前尚无全国的污泥处置排放标准，当前我国多数油泥都只是简单脱水后贮存或填埋。随着我国国民经济的发展对固体废物的管理更加严格，环保压力也将越大。因此，亟须总结我国含油污泥管理现状、分析存在的问题，思考含油污泥的管理与处置的建议方向。

一、我国石油行业含油污泥管理现状

目前，我国含油污泥管理方式粗放，尚无含油污泥处置后的排放标准，部分地区对含油污泥资源化利用的控制指标提出了要求，但仅适用于局部区域。为规范含油污泥管理，亟须制订含油污泥处置残渣的排放标准以指导含油污泥的处置。

（一）含油污泥的来源与产量

在石油开采、原油集输和石油炼制过程中都会产生含油污泥，但因不同来源含油污泥组分不同，性质迥异，特别是含水率差异很大。文献中关于含油污泥产生量的报道也各不相同，相差很大，尚无全国含油污泥产生量的统计数据。

1. 含油污泥的来源

含油污泥主要来自油田勘探、钻井和开采过程中产生的含油污泥；油田地面处理系统以及原油集输过程中的含油污泥；石油冶炼过程中产生的隔油池底泥、浮选池浮渣、原油罐底泥等含油污泥，如图 1-5 所示。

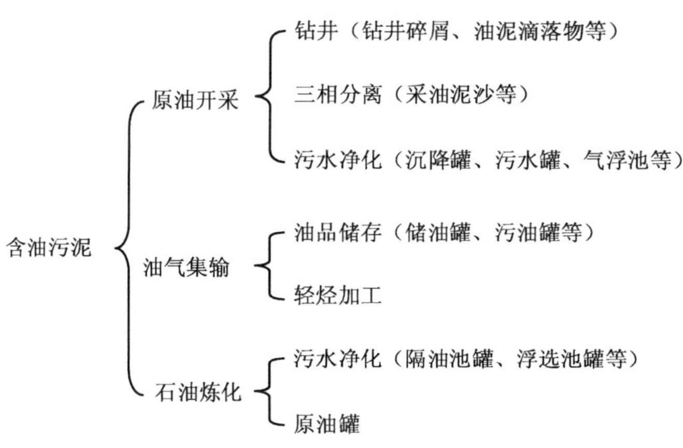

图 1-5 含油污泥的主要来源

2. 含油污泥产量估算

在石油开采过程中因地质、工艺等原因，不同油田含油污泥产量与原油产量的关系不同，但二者存在一定的比例关系。根据不同油田在不同工艺阶段含油污泥产生量同原油产量的关系，可以估算在原油开采过程中含油污泥的产量（70%含水率）。其中，钻井作业产生的落地油泥，为 0.10%～0.18%；在石油集输过程中产生的含油污泥，其比例为 0.20%～0.28%。

根据上述比例可估算 2014 年我国含油污泥产生量。2014 年，我国主要油气生产企业生产情况分别为中石油石油产量 11 364 万 t；中石化石油产量 4 378 万 t；中海油石油产量 3 955 万 t；延长石油产量 1 255 万 t。因此，我国 2014 年陆上原油开采过程中含油污泥产生量约为：

$$M_{\text{含油污泥-开采}}=（0.3\%～0.46\%）\times 16\,997\text{ 万 t}=50.99\text{ 万}～78.19\text{ 万 t}$$

除了在原油开采过程中会产生含油污泥外，原油炼化过程中也会产生大量罐底油泥和污水处理油泥。根据不同炼化企业含油污泥产生比率，可估算石油炼化过程中产生的含油污泥，其比率约为 0.125%。2014 年，我国的炼化总量约为 51 789 万 t。因此，2014 年，我国石油炼化过程中含油污泥产生量约为：

$$M_{\text{含油污泥-炼化}}=（0.05\%～0.125\%）\times 51\,789\text{ 万 t}=25.89\text{ 万}～68.74\text{ 万 t}$$

根据原油开采和炼化过程中含油污泥产生量，可以估算我国 2014 年含油污泥产生量为 76.88 万～142.93 万 t，取中间值约为 110 万 t。该估算结果与大部分文献结果相吻合，由此可知，我国含油污泥处置的市场空间很大。

（二）含油污泥处置后排放标准

含油污泥作为危险废物，其管理有严格规定，其处置方法也可参照危险废物处置技术规范进行处理。但不同于一般危险废物，含油污泥产量大、石油资源是不可再生资源，且其主要污染物为油类易于去除，可通过热解等方法近乎完全去除。因此，目前亟须针对含油污泥的现状，建立排放标准体系并制定适用的处置技术规范。

我国目前尚无针对含油污泥处置后排放的标准，相关标准和规范包括：

①《农用污泥中污染物控制标准》（GB 4284—1984）要求处理后污泥中含油率≤3‰。

②2010 年黑龙江省发布了地方标准《油田含油污泥综合利用污染控制标准》（DB 23/T 1413—2010）标准中规定了油田含油污泥综合利用污染控制指标。

③2011 年实施的《废矿物油回收利用污染控制技术规范》（HJ 607—2011）明确提到“原油和天然气开采应将开采现场沾染废矿物油的泥、沙、水全部收集”、“原油和天然气开采产生的残油、废油、油基泥浆、含油垃圾、清罐油泥等应全部回收，不应排放或弃置”、“含油率大于 5%的含油污泥、油泥沙应进行再生利用”、“油泥沙经油沙分离后含油率应小于 2%”、“含油岩屑经油屑分离后含油率应小于 5%，分离后的岩屑宜采用焚烧处置”。

④2012 年实施的《石油天然气开采业污染防治技术政策》中提到，“工业固体废物资源化及无害化处理处置率达到 100%”、“落地原油应及时回收，落地原油回收率应达到 100%”、“应回收落地原油，以及原油处理、废水处理产生的油泥（砂）等中的油类物质，含油污泥资源化利用率应达到 90%以上，残余固体废物按照《国家危险废物名录》和危险废物鉴别标准识别，根据识别结果资源化利用或无害化处置”。

（三）我国含油污泥管理现状

目前，我国国家层面尚无专门针对含油污泥的管理办法，含油污泥的管理主要按照危险废物来管理，没有考虑含油污泥的特殊性。此外，含油污泥的处理也以产生单位处置为主。

鉴于我国对危险废物管理非常严格，含油污泥存在产生量大、富含资源等特点，如果完全按照危险废物的处置工艺进行处置，不仅会造成资源浪费，还可能发生污染转移，造成二次污染。因此，亟须针对含油污泥的特点，研究适用的处置技术，完善含油污泥管理办法，实现含油污泥无害化处理和资源化利用。

二、不同含油污泥处置技术的特点和应用现状

过去，油田含油污泥以填埋或贮存处置为主，在部分地区，也被周围居民拉走，作为

土法炼油的原料，存在巨大安全隐患和环境污染。随着国家对环境问题的重视，含油污泥的管理也更加规范，含油污泥处置技术的研究与应用发展很快。

含油污泥的处置技术种类很多，多数技术在我国油田都有应用，积累了众多运行、管理经验。但现有油田含油污泥处置以单一技术应用为主，存在处理效果差、处理成本高等问题。此外，由于目前缺乏针对含油污泥处置后的残渣的排放标准，企业处置后剩余残渣依然是含油污泥，仍需按照危险废物管理，影响企业的积极性。

（一）常用含油污泥的处理方法

含油污泥的处置以减量化、资源化和无害化为原则。常用含油污泥的处理方法包括脱水、调质分离、热解（炭化）、焚烧、溶剂萃取、生物处理、调剖等。不同处置工艺的优缺点和适应条件如表1-4所示。

表1-4 常见油泥处理工艺的特点

处理方法	优点	缺点	主要适用物料
调质分离处理工艺	适应性较强，可回收大部分油，实现资源化利用	处理后污泥含油量≤2%，满足填埋铺路要求，要达到农用污泥处理标准需要后接深度处理工艺	多种含油污泥
热解法	含油污泥完全无机化，烃类可回收利用；处理速度快，对污泥处理彻底	反应条件要求较高，操作比较复杂；设备投资大，能耗高；处理不好容易产生大气二次污染	含水量不高，有机物含量高的污泥；经过物理化学方法处理后的含油污泥
焚烧法	可以较好地解决污泥污染问题，满足环保要求；可以变废为宝，资源化利用；处理量大	需要掺水煤浆一同燃烧，成本较高，能耗高，设备投资大，工艺技术要求较高，焚烧后可能存在粉尘、SO_2等二次污染	含水量不高，烃类含量高的污泥
生物处理技术	避免了污染物多次转移；能耗低，处理成本低	处理周期长，对环烷烃处理效果差，对含油率高的油泥砂难适应，占地面积大，受气候影响大	含油量较低的污泥
溶剂萃取工艺	效率高、处理彻底，大部分石油类物质提取回收	对设备密闭性要求较高，溶剂回收过程比较复杂；萃取剂价格昂贵	罐底泥等含油量大的污泥
调剖技术	实现资源化利用	配伍性要求高，需要深入细致的工作，才能扩大应用规模	含油量不太高的污泥

（二）国内油田含油污泥处置技术及建设情况

目前含油污泥处置的技术很多，不同油田的主要技术也不同。国内油田的含油污泥处理技术主要有：脱水、填埋、调质分离、焚烧、热解、萃取、固化以及其他综合利用方法等。

国内部分大型油田含油污泥处理情况如下：

①大庆油田：建成含油污泥处理站 6 座，正在建设 3 座，总处理能力 85 m^3/h（74.46 万 m^3/a）；建成含油污泥防渗储池 17 座，总存储能力达到 8.5×10^4 m^3，基本实现了含油污泥的合规存储。

②长庆油田：规划建设 7 座油泥处理厂，已建 4 座，3 座正在建设；积极推广微生物处理技术；制订《油泥管理办法》，规范油泥收集、运输、存储、处理、处置等环节，但尚无含油污泥处理后的废渣如何处置的相关标准。

③塔里木油田：含油污泥处理厂于 2011 年正式投入试运行，每年可处理含油污泥 10 000 m^3，累计处理含油污泥 37 000 m^3，回收原油 3 500 t（10%左右）。处理后的泥饼经政府环境监测中心站监测，完全符合国家环保要求，含油率检出值均低于 2%（《废矿物油回收利用污染控制技术规范》）。但依然有很多含油污泥未得到有效处置。

④青海油田：全油田历年排出的污泥已在站外区域形成了多个容积达 1 万 m^3 的污泥坑，存在环境污染隐患。根据油田现状建设一套装置对油泥砂进行处理。2014 年投资建设两套移动式含油污泥处理装置，对偏远区块含油污泥进行达标处理。

⑤冀东油田：建设了柳一联含油污泥处理站、高一联含油污泥处理站、作业含油污泥处理站，对联合站污水生化处理系统生化污泥、清罐油泥及作业产生的含油污泥进行无害化处理。

三、现有含油污泥管理存在的问题

（一）含油污泥管理政策方面存在的问题

1. 缺乏专门针对含油污泥的政策和技术规范

含油污泥作为危险废物，危险废物管理的相关政策、标准、规范均适用于含油污泥。但含油污泥具有行业特殊性，危险废物标准法规并不适于含油污泥收集、运输、贮存、处理过程的管理。面对年产量逾 100 万 t 的含油污泥，亟需建立针对性的管理政策、标准与规范。

2. 含油污泥危险属性不明确，缺乏相关污染控制标准

含油污泥作为危险废物，根据《国家危险废物名录》具有毒性和易燃性双重属性，但并未对含油污泥的毒性或易燃性所对应的含油浓度限值做出规定，也无处置后含油浓度达标的标准要求。

（二）含油污泥处置技术存在的问题

含油污泥的处理措施众多，每种方法都有其自身的优缺点和使用范围。仅靠单一的处理工艺很难满足环保的要求。此外，很多处理工艺都将含油污泥作为废物，仅仅利用了含油污泥的燃烧热，忽略了含油污泥本身所具有的资源价值。

1. 含油污泥处理目标不明确

针对含油污泥的处置，在经济技术合理的条件下，既实现油泥中原油资源的回收，又实现处理后的污泥满足环保标准要求。但由于技术规范和标准体系的不完善，并且单一的处置技术很难同时实现资源回用与污泥达标排放的要求，或存在处理费用较高的问题。因此，含油污泥处置过程中经常需权衡资源回收与无害化的问题。

2. 含油污泥中污油资源缺乏再利用途径

含油污泥中回收的含油资源油质相对较差，需作为老化油进行再处理。目前，处置含油污泥回收的原油不能够得到有效利用，缺乏专门的回收途径。

四、含油污泥管理与处置建议

第一，完善含油污泥申报登记制度。不仅要申报含油污泥的产生量、流向、贮存、处置等有关资料，还需申报运输、贮存和处理处置过程中的污染监测数据，明确我国含油污泥产生特性和污染特征。开展工业含油污泥产生、处理处置和污染现状的调查，为我国含油污泥的管理和标准的制订提供基础依据。

第二，完善含油污泥管理与处置的标准体系。建立针对含油污泥的收集、贮存、运输、处理全生命周期的污染控制技术规范。制订含油污泥专用污染控制标准，特别是制订含油污泥处置后不同归宿（制砖、铺路等）的标准，为含油污泥的出路提供依据。

第三，走市场化处置道路。开放油田和炼厂含油污泥处置市场，允许有资质企业参与含油污泥的处置，并且以招投标方式，在保证处置效果的同时，按照技术规范要求，确定处置价格和处置技术。现有含油污泥处置设施的发展趋势是小型化、模块化、成套化，具备车载条件，便于运输处置。因此，各个油田应该将含油污泥处置交由专业化公司处理，制订准入条件和处置标准要求，并走招标道路。

第四，研发含油污泥资源化和无害化处置的成套设备。分析现有含油污泥的处置技术特点和存在的问题，提出适用于油田不同来源含油污泥处置的组合技术。针对含油率高的污泥，优先回收其中的石油资源，针对含油率的油泥则主要进行无害化处置。根据处置技术特点，发展含油污泥处置设备，形成模块化、车载化、多技术结合的处置方案，实现对含油污泥的处理。

（本报告由巴塞尔公约亚太区域中心和中国石油大学共同编制）

第四章

我国危险废物环境信息公开规划建议

一、目标

为推动我国环境保护主管部门（以下简称环保部门）以及危险废物经营企业（以下简称企业）环境信息公开制度的发展，完善环保部门和企业公开的危险废物环境信息，维护公民、法人和其他组织获取环境信息的权益，推动公众参与环境保护，依据《环境保护法》《固体废物污染环境防治法》《环境信息公开办法（试行）》《企业事业单位环境信息公开办法》《危险废物经营许可证管理办法》《大中城市固体废物污染环境防治信息发布导则》以及其他相关规定，在参考美国危险废物环境信息公开的基础上，针对环保部门和企业分别制订近期和中长期的信息公开内容，提出完善我国危险废物环境信息公开的规划建议。

二、制订原则

通过借鉴美国危险废物环境信息公开的内容，在我国危险废物环境信息公开现有的基础上，补充我国未公开的危险废物环境信息，改善我国已公开但信息不全面或涉及企业范围小的现状，推广危险废物相关技术资料信息公开，并根据信息公开难易程度，信息公开涉及企业范围，信息公开内容的迫切性与重要性，以及考虑我国危险废物收集、贮存和处置等实际情况，对危险废物环境信息公开内容进行规划，分为近期（3～5 年）和中长期（10 年）两个阶段。

三、信息公开方式和主体

（一）公开方式

通过网站、公报、新闻发布会以及报刊、广播、电视等便于公众知晓的方式公开。

（二）公开主体

政府：县级以上人民政府环境保护主管部门。

企业：危险废物产生和经营（收集、贮存、处置）单位。

四、信息公开内容建议

（一）近期公开内容

1. 危险废物基础信息

①全国和各省（区、市）危险废物的产生单位和经营单位信息；

②总的单位数量和经营能力；

③年度产生量、收集量、转移量、暂存量、处置量；

④年度产生、收集、转移、暂存、处置的形态及重量；

⑤年度产生来源及重量，年度处置方式及重量。

2. 危险废物设施基础信息

（1）产生单位

名称、地址、法定代表人、联系人及联系方式等，归属管理部门，季度产生、暂存的废物种类、形态和重量，所受处罚情况。

（2）经营单位

名称、地址、法定代表人、联系人及联系方式、经营资质及代码等，归属管理部门，季度收集来源、形态及重量，季度收集、暂存、处置的形态及重量，处置方式及重量，资质证书换发和申请情况，所受处罚情况。

（二）中长期公开内容

在危险废物近期公开内容的基础上，建议针对危险废物设施的环境信息公开，定期进行总结并及时发布，形成危险废物环境信息公开的中长期机制。

相关环境信息的内容主要如下：

①危险废物处置的频次及相应的转移联单编号；

②危险废物处置的流程；

③危险废物处置设施的具体参数及运营情况；

④处置过程的环境敏感点；

⑤处置过程中产生的污染物排放监测情况；

⑥污染物排放清单如废气、废水、废渣的浓度、总量及噪声等，其中废气包含氯气、二噁英或呋喃、汞、铅、低挥发性金属、可吸附颗粒物和挥发性金属等，废水包括铅、汞、

铬、镉、化学需氧量、生化需氧量、总氮、总磷以及渗滤液排放量，废渣包括种类、重量及所含危险废物等信息；

⑦污染物排放环境如具体水体名称等及对环境介质产生的影响；

⑧公众参与情况；

⑨环境监管情况；

⑩应急预案；

⑪环境事故及整改情况；

⑫数据更新时间；

⑬设施利用规划等。

五、附件

附件一　美国危险废物信息公开情况介绍

附件二　我国关于环境信息公开的相关法律法规

附件三　我国目前强制公开信息的企业种类、内容及企业自愿公开内容

附件一　美国危险废物信息公开情况介绍

（一）危险废物信息公开

1. 具体要求

美国危险废物信息公开的政府部门为美国EPA，其危险废物公开信息包括危险废物处理者的监管信息，描述设施状况、监管活动和遵守历史，以及危险废物产生量很大（LQG）的单位和处理、贮存和处置（TSD）设施的废物管理活动的详细数据，除此之外还包含两年一度的报告和超级基金项目。美国各州都有固体废物和危险废物项目，在EPA的网站上可选择字母检索和地图查看的方式，进入到各州的固体和危险废物管理项目中，例如进入阿拉斯加州的环境保护局，在环境健康板块可以找到固体废物项目，其中介绍了项目的内容。

所有危险废物的产生者、运输者、处理者、贮存者和处置者都要求向国家环保部门提供关于他们活动的信息，所有信息最终传递到EPA，提供的信息依据《信息自由法》U.S.A. 5部分的552章节，EPA商业保密规定以及CFR 40的第二部分、270.12等相关规定是需要向公众进行公开，某些特定信息的保密请求需要附带1份书面的保密要求。在对这些信息进行整理汇总之后，美国EPA会在其官方网站的多个数据库进行公开。

2. 信息公开方式

（1）政府信息公开

信息公开方式主要包括3种方式：①利用电子数据库进行公开，如RCRA在线（RCRAInfo）、危险废物数据库（Hazardous Waste Data）、有权获得信息网站（The right to know network）中违反和许可数据库（RCRIS）和两年度的报告系统数据库（BRS）；②利用出版物公开，如《国家两年度的RCRA危险废物报告：文件和数据》（National Biennial RCRA Hazardous Waste Report：Documents and Data）、《RCRA：降低废物的风险》（RCRA：Reducing Risk From Waste）等；③建立并维护一个国家中心参考图书馆（National Service Center for Environmental Publications，NSCEP[①]）收藏收集到的资料，并在可能的范围内进行公布，公布的信息包括危险废物处置导致的损害事故、固有的危险废物与潜在的危险废物、危险废物的中和或处置方法、适当处置危险废物的设施等。

（2）企业信息公开

除政府强制要求提交和公开信息外，企业还可自主选择公开企业危险废物处理相关信

① http://www.epa.gov/ncepihom/

息，例如在自家网站上发表年度报告。以卡万塔（Covanta）公司[①]为例，其是世界上最大的废物转化为能源基础设施所有者和生产者之一，同时也是其他废物处理和再生能源生产公司。

卡万塔公司第一份可持续性报告是2009/2010报告，内容包括所有美国41个和以加拿大为基础的2009年建成的Efw设施，报告是依据全球主动报告可持续性报告指南（GRI）编制，内容包括公司介绍、北美业务介绍、废物再生能源过程介绍、卡万塔在美国废物管理方面的贡献、气候变化方面的角色分析、企业发展潜力、温室气体和其他气体排放情况、连续排放监测系统、二噁英和汞的排放、综合的燃烧灰烬管理、用水管理和土地管理、工作环境和员工权利、社区参与情况等。

3. 信息公开内容

美国EPA依据相关法律对固体废物信息公开的要求，在其网站上提供了大量危险废物信息。危险废物数据库[②]是一个关于危险废物处理者的国家项目管理和库存体系，包含所有危险废物的产生者、运输者、处理者、贮存者和处置者需向国家环保部门提供相关活动的信息，所有信息最终传递到EPA，该数据库包含在RCRAInfo框架下。公众可通过Right to Know Network[③]和Envirofacts Data Warehouse[④]等网站及相关公开文件查看。以上信息是企业通过填写RCRA的EPA Form 8700-12、8700-23和8700-43/B等表格、最终由EPA汇总并发布。

以Right to know network为例，其包含2个危险废物的数据库：违反和许可数据库（RCRIS）[⑤]和两年度报告系统数据库（BRS）[⑥]。

（1）RCRIS

RCRIS包含危险废物经营者（Handler）许可和活动，其信息是连续更新的，包括RCRA前一年到现在的记录。Handler 指经过允许的任何危险废物产生、运输或接收实体，包括TSD即处理（treatment）、贮存（storage）、处置（disposal）设施中的任何一种。

RCRIS包含的具体信息如每个州LQG（大量产生者，Large Quantity Generators）数量（可能包含已经破产的企业）、TSDs数量、违规企业数量、强制执行数量。以各州LQG数量地图为例，点击相应州即可链接到该州危险废物的信息，主要包括该州处置者的基本信息（包含总数量、名称、违规者的数量，属于纠正行动的数量，强制执行者数量以及罚款数量）、处置者的类型、处置者数量及所在城市、处置者的拥有者和操作者、自1999年以来的处置者受处罚的具体信息（罚款数量、纠正措施记录的数量、事件等）、特定行业危

① http://www.covanta.com/

② http://www.epa.gov/epawaste/inforesources/data/index.htm

③ http://www.rtknet.org/

④ http://www.epa.gov/enviro/facts/rcrainfo/index.html

⑤ http://www.rtknet.org/db/rcris

⑥ http://www.rtknet.org/db/brs

险废物（含代码）处置者的数量等信息。针对每个处置者，均有单独的页面列明其序号、地理信息、危险废物处置种类、危险废物处置活动、罚款等详细信息。

（2）BRS

RCRA 法案包含固体废物和危险废物的产生、处理、贮存、处置和回收的管理规定。LQG 和 TSD 应该向 BRS 报告他们关于危险废物的产生、处理、贮存和处置活动。BRS 含有 RCRA 要求的所有危险废物信息，目前包括 1989 年到 2011 年的记录，该页面包含美国各州废物产生和管理的数量以及各类废物来源所占的比例。

以美国各州废物产生量地图为例，点击相应州即可链接到该州危险废物的信息，主要包括该州危险废物的基本信息（报告年份、设施数量、废物产生频次、废物总重量、产生和经营的废物重量），危险废物的具体来源、质量及比例分布，各城市产生废物的重量，所有废物产生者的信息，危险废物的类别及重量，危险废物的形态及重量，危险废物的产生行业及重量等信息。

以美国各州废物管理量（managed，含收集、处理、处置，也包括暂存）地图为例，点击相应州即可链接到该州危险废物的信息，主要包括该州危险废物的基本信息（报告年份、设施数量、废物产生和管理的重量、废物产生和转移的重量、废物接收和管理的重量、废物接收后转移或暂存的重量、非联邦管理类废物的产生/接收/管理的重量等），危险废物的产生来源、质量及比例分布，接收废物的管理手段，各城市产生废物的重量，各城市管理废物的重量，各城市接收废物的重量，产生危险废物的形态及重量，接收危险废物的形态及重量，危险废物的产生行业及重量等信息。

除此之外，公众还可以查询每年危险废物产生量最多的 100 个企业，包括企业的废物产生总量、所占总体的比例、不同来源的产生量、不同形态的废物产生量等信息；每年接收废物最多的 100 家企业，以及各家企业接收和处理废物的相关信息；每年各州数据汇总，包括废物产生量、处理量、处理设施数量等信息。

此外，EPA 关于危险废物两年度的报告工作①，会在其网站上公布报告工作的安排和进展情况。以 2013 年为例，EPA 首先出具危险废物报告的指导和格式要求以及危险废物的文件规范指南，并提供报告修改和提交程序说明、在联邦公报上发出通知、提交给美国政府管理预算局（Office of Management and Budget，OMB）审查和批准的信息收集要求、评论要求、2013 年危险废物报告、危险废物监管活动以及 A 部分危险废物许可申请资料②和修订的通知等，其他具体的日程安排也可在网站上进行查询。

危险废物两年度的报告系统分为 3 个部分：①国家分析，数据详细地分析了各地区、

① http://www.epa.gov/wastes/inforesources/data/biennialreport/index.htm

② A 部分所需信息包括：申请者所从事的 RCRA 规定的需要所有者或运营者获取许可证的活动；设施的名称、通讯地址以及地理位置；能够最好地描述设施所从事活动的 4 位北美工业分类系统（NAICS）编码；用于处理、贮存及/或处置危险废物的工艺过程的描述以及相关作业场点的设计容量；在设施中处理的危险废物的鉴别；在其他管理程序下获得或者申请的各种许可证；设施场地的地形图。

州和全国最大设施的废物处理活动，包括废物产生、管理、运输、州之间转移和接收的数量；废物产生和管理设施数量。②各州详细分析，每个州废物处理活动，包括产生、管理、运输和接收的总量，以及最大的 50 家设施总量。③报告的 RCRA 场地列表，美国所有提交危险废物报告的危险废物设施。

以两年度报告中各州分析为例，具体公开的信息包括：①各州废物产生情况整体概况，如废物产生量、管理量、废物量、不同来源废物产生量、年度产生量等信息；②每个州产生的危险废物具体信息：废物来源、各个城市废物产生量、各设施产生的废物量、各种形式废物量等信息。

针对危险废物处置设施，可在 Envirofacts Data Warehouse 网站通过搜索设施名称等信息查询，也可在 EPA 网站的关于危险废物设施的具体页面[①]进行查询，相关内容将在后面章节中具体描述。

4. 危险废物焚烧设施具体案例

美国共有 244 处编号并公开信息的危险废物焚烧设施（Hazardous waste combustors），每一编号代表一个工厂的焚烧设施（不一定是一座炉子），其中危险废物焚烧炉（incinerators）共有 100 处左右，约 280 个，包括已经关闭和不再焚烧危险废物的 10 个。以位于得克萨斯州阿瑟港市（Port Arthur）的美国化学品废物管理公司（Chemical Waste Management，CWM）、代码是 603 的焚烧炉为例，其焚烧炉属于威立雅 ES 技术解决方案公司阿瑟港工厂（VEOLIA ES TECHNICAL SOLUTIONS LLC PORT ARTHUR FACILITY），地址是阿瑟港的 7665 号 73，所属的环境管理机构是得克萨斯州环境质量委员会（Texas Commission on Environmental Quality，TCEQ）和得克萨斯州健康部（Texas Department of Health，TDH），在美国 EPA 网站和得克萨斯州 ECEQ 网站上都有关于危险废物焚烧炉相关的公开信息。

（1）危险废物焚烧炉数据源

EPA 网站上危险废物焚烧炉数据源[②]对美国危险废物焚烧炉的相关信息进行汇总并公开，主要按照焚烧设施类型和排放的污染物进行汇总，关注的有害污染物为氯气、二噁英或呋喃、汞、低挥发性金属、可吸附颗粒物和挥发性金属。具体信息内容包括空气污染控制系统信息、系统的设计、危险废物和使用的辅助燃料的种类、输入的热量、有害气体污染物在排放废气中的浓度、金属和氯进料速率和系统的去除效率、烟道气体条件等。

以焚烧炉产生的氯气为例，危险废物焚烧炉数据源提供的信息内容主要包括了焚烧炉所在工厂的信息、焚烧炉信息、处理的危险废物信息、试烧信息、氯气释放的信息等[③]。在其他污染物信息表格中同样有威立雅 ES 技术解决方案公司焚烧炉的相关信息公开。

此外，危险废物焚烧炉数据源还提供危险废物焚烧炉个体信息的汇总，包括：①废气

---

① http://www.epa.gov/wastes/hazard/tsd/td/combust/finalmact/source.htm

② http://www.epa.gov/wastes/hazard/tsd/td/combust/finalmact/source.htm

③ http://www.epa.gov/epawaste/hazard/tsd/td/combust/finalmact/sumshtpdf/incn/inc-cl-07-05.pdf

排放数据，金属、氯气、颗粒物、二噁英或呋喃、一氧化碳和碳氢化合物等；②操作流程数据，危险废物的组成、辅助燃料的成分和进料速度等；③工厂设备的设计和操作数据，燃烧室和空气污染控制装置的温度、压力等。网站提供了PDF和Excel格式的文件，如果想知道信息的计算公式，可以选择Excel表格形式的文件。

关于威立雅ES技术解决方案公司焚烧炉的信息主要包括19个表格：表1对焚烧炉的基本信息进行介绍，焚烧炉的类型是回转窑，有第二燃烧室，直径14 m，处理能力是175 MMBtu/h（1 MMBtu=2.52×10^8 cal），处理液体和固体危险废物，辅助燃料为天然气；表2对焚烧炉情况进行了描述，主要是对公司至今为止提交的报告进行描述，包括一年两次的废气检测报告、试烧报告、风险评估报告和《有毒物质控制法案》试烧报告等。之后的表格分别是具体的报告内容，主要有：①各种气体的排放量、进料速度和排放速率等；②处理的液体危险废物进料速率、密度、灰烬量、热值等；③对过程的描述，燃烧室的温度、压力、除雾器压力和洗涤剂pH等；④检测的废气样品中二噁英或呋喃的含量。

（2）Envirofacts数据库关于此焚烧炉的相关信息①

除以上数据资源处提供的焚烧炉信息之外，Envirofacts数据库提供了总结报告（Summary report）、工厂报告（Facility report）、合规报告（Compliance report）、空气设施系统报告（AFS）、危险废物两年度报告（BR）、允许合规系统（The Permit Compliance System，PCS）、整体合规信息系统（Integrated Compliance Information System，ICIS）、RCRA Info报告和有毒物质释放清单（TRI）报告。

在总结报告中主要是对后面的几个报告进行总结介绍，如工厂的位置、AFS报告的主要信息、污染数据、基本废物信息、2013年有毒物质释放报告等。

① 工厂报告②：在此报告中公开了该工厂关注的环境问题，如在不同信息系统中的ID、环境关注类型、数据资源、最新更新数据时间以及一些补充信息；以及工厂的标准工业分类码（SIC）、国家工业分类系统码（NAICS）、工厂编号和旗帜、通讯地址、组织者和联系人。工厂的国家工业类别中的描述是危险废物处理和处置单位。

② 合规报告③：此报告公开了工厂的强制执行和合规总结，包括CAA、CWA和RCRA，其中RCRA的最新数据更新日期为2014年2月24日，其显示在5年内工厂受到的罚款是17 840美元，目前的执行状态是没有违规的。同时在下面的具体信息表格中也显示了在5年内的合规监控记录，以及环境状况如水之和空气质量、TRI下的污染物每年释放和运输情况，如其显示2012年工厂释放锌化合物量为124 686磅，此外在这个报告中还对工厂周

① http://iaspub.epa.gov/enviro/efsystemquery.multisystem?fac_search=primary_name&fac_value=Chemical+Waste+ Management&fac_search_type=Beginning+With&postal_code=&location_address=&add_search_type=Beginning+With&city_name=&county_name=&state_code=&TribalLand=0&TribeType=selectTribeALL&selectTribe=noselect&selectTribe=noselect&tribedistance1=onLand&sic_type=Equal+to&sic_code_to=&naics_type=Equal+to&naics_to=&chem_name=&chem_search=Beginning+With&cas_num=&page_no=1&output_sql_switch=FALSE&report=1&database_type=Multisystem

② http://iaspub.epa.gov/enviro/fii_query_dtl.disp_program_facility?p_registry_id=110035783658

③ http://echo.epa.gov/detailed-facility-report?fid=110035783658

围居民情况进行了介绍。

③ AFS 报告[①]：在这个报告中对空气项目信息、污染物数据、合规监控策略、工厂行动等进行了介绍。空气项目信息中对涉及的 NESHAP、NSPS 等进行具体描述，污染物数据对一氧化碳、二氧化氮、氧化硫、VOC 以及其他有害气体达标情况、合规监测情况、污染物类别等进行了描述。其中 CWM 的大部分有害气体达标情况为 A，只有挥发性有机污染物即 VOC 是中等，所有的有害气体都在监测中。

④ BR 报告[②]：公开的报告中介绍了工厂基本信息，CWM 属于 LQG 即大量废物产生者，其报告的年份是 2007 年。该报告也对产生的废物进行更为详细的介绍，包括产生的废物在厂外处理的情况：处理量、处理方式、废物的描述等；以及产生的危险废物在现场处理的情况。

⑤ ICIS 报告[③]：介绍了工厂的活动，有活动名称、描述、状态、开始和技术日期等信息。并对许可证发放进行追踪，VEOLIA PORT ARTHUR FACILITY 许可证最早发放日期为 1981 年 5 月 13 日，之后又申请了 4 次，最近一次的申请为 2013 年 7 月 10 日，许可证将在 2018 年 7 月 1 日到期。另外还有对视察活动记录、排放口时间表和排放限制信息的公开。

RCRAInfo 中主要介绍了 VEOLIA ES TECHNICAL SOLUTIONS LLC PORT ARTHUR FACILITY 的联系人信息和工厂所属类别。

⑥ TRI 报告：介绍了 1998—2013 年总的有毒物质排放清单中物质（二噁英和二噁英类物质单独一个表格）的释放量；每年释放到环境中的化学物质的名称和数量，以及排放到水体中的化学物质名称、数量、时间和水体名称；运输到其他场地的化学物质名称、时间、数量、运输点名称地址和处理方式；总的废物管理活动，包括在本地回收处理、运到其他工厂回收处理的数量、回收的能量，以及以上回收废物中的化学品信息。

（二）城市固体废物环境信息公开

城市固体废物处理企业公开的信息主要是按照相关监管部门的要求，向各州、地方上报的运营操作记录等，对于这些信息美国 EPA 会进行汇总和整理，并在其网站上进行公布，因此城市固体废物处理企业实际公开的信息内容可以从不同环保部门公开的城市固体废物相关信息中获得。以下主要列举城市固体废物填埋场和焚烧厂相关的公开信息。

各州和地方从城市固体废物填埋场的所有者或运营者那里收集的信息，经过汇总得到

① http://oaspub.epa.gov/enviro/afs_reports.detail_plt_view?p_state_county_compliance_src=4824500118

② http://oaspub.epa.gov/enviro/brs_report_v2.get_data?hand_id=TXD000838896&rep_year=2011&naic_code=&naic_code_desc=&yvalue=2011&mopt=0&mmopt=&wst_search=0&keyword1=&keyword2=&keyword3=&rvalue1=&rvalue2=&rvalue3=&cvalue1=&cvalue2=&cvalue3=

③ http://oaspub.epa.gov/enviro/ICIS_DETAIL_REPORTS_NPDESID.icis_tst?npdesid=TX0083828&npvalue=1&npvalue=13&npvalue=14&npvalue=3&npvalue=4&npvalue=5&npvalue=6&rvalue=13&npvalue=2&npvalue=7&npvalue=8&npvalue=11&npvalue=12

城市固体废物填埋列表（第三批），1986 年的第一批目录只是简单地描述了城市固体废物填埋场的名称和地址，到 1992 年对文件进行更新，填埋场数量由 5 345 上升到 7 683 个，在固体废物处置企业标准最终版公布后，填埋场的数量下降到 3 581 个。部分数据可能是不完全或过时的，但是在当时收集信息的时候，这是能得到的最佳信息。在这个目录中，包含了从每个州目录中各种类型的信息总结，用于从提交的信息中评判仍在运行的填埋场的标准，以及每个城市固体废物填埋场的具体信息如名称，所在的县、市、州和邮政编码。

在《垃圾填埋沼气推广计划》中提供了截止到 2014 年 8 月各州运行和在建的填埋场的情况，包括此计划的候选填埋场和其他填埋场，主要信息包括各州填埋场名称、位置、运行情况等详细信息。

对于城市固体废物焚烧厂，其公开的信息内容可以从 EPA 网站提供的“2010 从废物到能量工厂的目录”中查询[①]，这个目录包含了运行中的大规模焚烧工厂的详细信息，如垃圾处理能力、能量生产能力，污染检测及控制信息以及拥有者和操作者等基本信息。同时可以在环保达标历史在线（Environmental Compliance History Online）上查询城市固体废物焚烧厂的达标状态[②]，在 EPA 的空气毒性物质网站（Air Toxics website）看到更新的城市固体废物焚烧厂数据的监管情况，以及在环保数据（Envirofacts）上查看土地、水和空气排放的更多信息。以东南资源回收厂（Southeast Resource Recovery Facility）为例，在 Envirofacts 数据库中搜索该工厂，首先显示其基本信息如位置、名称、类别、组织者和环境关注点等，进入相应的环境关注点信息系统：能源信息系统数库（Energy Information Administration-860 Database），可以得到该厂每月产生的电量以及详细净发电量和能源消耗情况等信息。

---

① http://www.energyrecoverycouncil.org/userfiles/file/ERC_2010_Directory.pdf

② http://echo.epa.gov/facilities/facility-search

附件二　我国关于环境信息公开的相关法律法规

（一）政府信息公开

《政府信息公开条例》于 2008 年 5 月 1 日起施行，对政府信息的定义、政府信息公开工作的管理体制、政府信息公开的基本原则等进行了规定。

（二）环境信息公开

2007 年 4 月，国家环境保护总局根据《政府信息公开条例》制定了《环境信息公开办法（试行）》，于 2008 年 5 月 1 日实施。

2007 年，《全国污染源普查条例》（国务院第 508 号令）提出全国污染源普查每 10 年进行 1 次，并由国家建立污染源普查资料信息共享制度，建立污染源普查资料信息共享平台。

2010 年 7 月，环境保护部出台了《环境保护公共事业单位信息公开实施办法（试行）》，该办法就环境保护公共事业单位信息公开的范围、例外情形、依申请公开、公共事业单位主动公开、法律责任等做了具体的规定。

2013 年 7 月，环境保护部组织编制了《国家重点监控企业自行监测及信息公开办法（试行）》及《国家重点监控企业污染源监督性监测及信息公开办法（试行）》，要求各级环境保护主管单位加强监督，督促企业履行责任与义务，开展自行监测；进一步规范环保部门监督性监测，推动污染源监测信息公开。

2014 年 4 月，新《环境保护法》修订通过并于 2015 年 1 月 1 日实施，要求各级人民政府环境保护主管部门和其他负有环境保护监督管理职责的部门，应当依法公开环境信息、完善公众参与程序。重点排污单位应当如实向社会公开其主要污染物的名称、排放方式、排放浓度和总量、超标排放情况，以及防治污染设施的建设和运行情况，接受社会监督。

2014 年 12 月，环境保护部发布《企业事业单位环境信息公开办法》并于 2015 年 1 月 1 日起施行，以为保障公民、法人和其他组织依法享有获取环境信息、参与和监督环境保护的权利，加快推进企业事业单位环境信息公开工作。

（三）固体废物环境信息公开

《固体废物污染环境防治法》第十二条规定：大、中城市人民政府环境保护行政主管部门应当定期发布固体废物的种类、产生量、处置状况等信息。

2006 年 7 月，国家环境保护总局发布了《大中城市固体废物污染环境防治信息发布导则》（2006年第33号公告），其适用于大、中城市人民政府环境保护行政主管部门定期发布固体废物污染环境防治信息，其他城市人民政府环境保护行政主管部门可参考该导则发布固体废物污染环境防治信息。

附件三　我国目前强制公开信息的企业种类、内容及企业自愿公开内容

强制公开信息的企业	强制企业公开信息内容	企业自愿公开信息内容
重点排污单位： （1）被设区的市级以上人民政府环境保护主管部门确定为重点监控企业的； （2）具有试验、分析、检测等功能的化学、医药、生物类省级重点以上实验室、二级以上医院、污染物集中处置单位等污染物排放行为引起社会广泛关注的或者可能对环境敏感区造成较大影响的； （3）三年内发生较大以上突发环境事件或者因环境污染问题造成重大社会影响的； （4）其他有必要列入的情形	（1）基础信息，包括单位名称、组织机构代码、法定代表人、生产地址、联系方式，以及生产经营和管理服务的主要内容、产品及规模； （2）排污信息，包括主要污染物及特征污染物的名称、排放方式、排放口数量和分布情况、排放浓度和总量、超标情况，以及执行的污染物排放标准、核定的排放总量； （3）防治污染设施的建设和运行情况； （4）建设项目环境影响评价及其他环境保护行政许可情况； （5）突发环境事件应急预案； （6）其他应当公开的环境信息。 列入国家重点监控企业名单的重点排污单位还应当公开其环境自行监测方案	（1）企业环境保护方针、年度环境保护目标及成效； （2）企业年度资源消耗总量； （3）企业环保投资和环境技术开发情况； （4）企业排放污染物种类、数量、浓度和去向； （5）企业环保设施的建设和运行情况； （6）企业在生产过程中产生的废物的处理、处置情况，废弃产品的回收、综合利用情况； （7）与环保部门签订的改善环境行为的自愿协议； （8）企业履行社会责任的情况； （9）企业自愿公开的其他环境信息

（本报告由巴塞尔公约亚太区域中心编制）

第五章

我国危险废物管理工作建议

2013年我国最高人民法院、最高人民检察院发布了《最高人民法院、最高人民检察院关于办理环境污染刑事案件适用法律若干问题的解释》，就办理环境污染刑事案件的定义及适用法律的若干问题作了明确解释。“两高”司法解释的出台有利于整治我国危险废物回收利用行业相对混乱的局面，但随着纳入监管的危险废物数量急速增加，需要处理的危险废物量增多，各省、区、市政府面临着危险废物监测和管理水平较低、处置能力不足等问题，本章对我国危险废物的管理现状和处置技术等进行了分析和总结，指出了目前我国危险废物管理存在的问题，并提出了相应的建议。

一、我国危险废物管理现状

（一）危险废物产生量

2014年，我国工业危险废物产生量3 633.5万t，比上年增加15.1%；综合利用量2 061.8万t，综合利用率仅为56.7%。

表1-5 我国工业危险废物产生和处理情况 单位：万t

年份	产生量	综合利用量	处置量	贮存量
2011	3 431.2	1 773.1	916.5	823.7
2012	3 465.2	2 004.6	698.2	846.9
2013	3 156.9	1 700.1	701.2	810.9
2014	3 633.52	2 061.80	929.02	690.62

2014年，244个大、中城市医疗废物产生量62.2万t，处置量60.7万t，大部分城市的医疗废物处置率都达到了100%。

（二）危险废物污染防治工作进展

2014年5月，按照国务院关于深化行政审批制度改革和环保部关于简政放权的具体要求，根据《国务院关于取消和下放一批行政审批项目的决定》（国发〔2013〕44号），环境保护部发布了《关于做好下方危险废物经营许可审批工作的通知》（环办函〔2014〕551号），将环保部负责的危险废物经营许可审批事项下放至省级环保部门。截止到2014年，我国各省（区、市）颁发的危险废物经营许可证共1 921份，危险废物经营单位核准利用处置规模已达到4 304万t/年，实际利用量993万t，实际处置量394万t。

表1-6 2011—2014年环保部门颁发危险废物许可证数量

年份	2011	2012	2013	2014
数量/个	1 632	1 700	1 763	1 921

危险废物集中处理（置）厂（场）859座，比上年增加92座；医疗废物集中处理（置）厂（场）240座。全年共综合利用危险废物482.1万t，处置危险废物470.0万t。

二、危险废物处理处置技术

自2003年开始实施《全国危险废物和医疗废物处置设施建设规划》以来，经过10多年的技术开发、处理设备研制、处理处置工程建设和运行实践，危险废物处理处置的技术路线已基本清楚，管理程序也已基本明确。

（一）危险废物综合利用处理技术

目前我国的危险废物综合利用，主要集中在金属回收、废有机溶剂回收、废矿物油回收、废弃电子电器产品等的回收。金属回收工艺主要有氧化还原、酸碱中和、沉淀分离、焚烧分离、浓缩结晶等；废有机溶剂和废矿物油的回收主要有过滤、蒸馏、冷却等；废弃电子电器产品的回收主要是拆解、破碎、磁选、电选等。

通过综合利用的处理技术，工业危险废物已经成为城市矿产的重要组成部分，每年回收利用的有色金属，如：铜、铅、镍、锌、金、银、铂以及其他稀有金属，已经成为市场供给的重要成分。

（二）危险废物最终处置技术

1. 焚烧处理技术

回转窑焚烧处理系统目前已经成为危险废物（包括医疗废物）热处理的主要处理方法和设施。规划初期出现了较多的焚烧炉型，经过10年的运行，通过危险废物焚烧效率、二次污染控制以及设备连续长期稳定运行等多方面考验，确定了回转窑焚烧炉的优势地位。近年来国家进一步组织了“危险废物集中处理处置关键技术研究与示范”研究，研究危险废物回转窑焚烧炉的新技术。

2. 等离子体处理技术

针对难处理的危险废物和垃圾焚烧飞灰以及危险废物焚烧的残渣，开展等离子体高温处理技术的研究，研制和开发出等离子体炬和等离子体弧等关键设备，开发和研制优质的清洁能源回收利用系统，回收氢气和一氧化碳。利用等离子体气化技术可以有效分解各类有机污染物，回收清洁能源。此外，等离子体弧或等离子体炬的高温可以彻底摧毁各类危险废物，最终产物形成的玻璃体可作为建材利用。

3. 安全填埋

安全填埋仍然是危险废物的最终处置手段。目前没有其他处置方式的危险废物，只能进入填埋场。而危险废物一旦进入填埋场，其环境风险将永远存在。因此，开发了危险废物安全填埋防渗的预警、防渗层的修补等技术。

（三）危险废物处理处置技术发展趋势

经过多年的研究与实践发现，危险废物填埋处理不是最后的选择，需要大力推行共处置的综合利用方法，也就是通过水泥窑、炼铁高炉、燃煤锅炉以及其他工业窑炉等的焚烧过程，对危险废弃物进行共同处置。将来我国将逐渐减少危险废弃物的填埋处置方式，进一步提高危险废弃物的综合利用比例。

三、危险废物管理工作存在的问题

1. 管理底数不清

目前，各省市环保部门更多地将注意力放在了危险废物处置经营企业，对产废企业的管理较为薄弱。虽然多数大型产废企业较好地实施了危险废物申报登记制度，但一些规模小、产废少的单位，车辆维修单位，荧光灯管使用大户和高校与科研院所等尚未进行申报登记。同时，由于部分产废企业未建立危险废物台账，从业人员能力较低，在环保部门申报登记和检查过程中，无法确切掌握其危险废物产生量及种类，导致危险废物管理底数模糊不清。

2. 危险废物管理相关政策仍不完善

各级环保部门积极推进危险废物经营许可制度，但危险废物经营许可证中的收集证经营范围过小，限制了企业的处置能力和处置市场的发展；同时，对直接回收利用危险废物的生产厂家或销售企业是否需要办理危险废物经营许可证尚未出台相关规定。

现阶段的危险废物转移联单制度规范了危险废物转移行为，保障了危险废物在转移过程中的环境安全，但是由于危险废物转移联单需经由企业、市级环保部门到省级环保部门批准审核，审批程序烦琐，办理周期较长，特别是涉及危险废物跨省转移。

3. 危险废物处置能力不足

随着“两高”司法解释的出台，纳入监管的危险废物数量迅速增加，危险废物处理量增多，我国危险废物集中处置设施普遍存在实际处置量达不到设计规模的现象，大量设施没有得到充分利用，造成设备浪费。根据环保部发布的数据显示，2014 年我国危险废物经营单位核准利用处置规模已达到 4 304 万 t/年，但实际利用量和处置量仅为 993 万 t 和 394 万 t，持证单位设施负荷率严重不足，每年通过持证单位处理的危险废物占比仅为全国危险废物产生量的 40%左右。

四、我国危险废物管理建议

第一，摸清危险废物产生源。建议各级环保部门针对重点行业、重点区域产生废物的规律进行研究，抓紧确认危险废物重点监管名单，积极开展申报登记和建立台账工作，从申报登记、管理计划和产生台账等方面进行规范，对未按要求进行申报登记和未建立台账的企业加大惩处力度，尽快摸清各地区危险废物产生情况，为危险废物处置设施的选址、规划、建设和管理提供有效的依据。

第二，简化危险废物转移联单审批制度。通过市级环保部门对危险废物转移的管理和监督，积极推动建立市级危险废物运输车辆 GPS 实时监管平台，掌控危险废物运输和转移过程，弱化省级环保部门在危险废物转移联单审批环节中的工作量。

第三，开展危险废物管理的培训工作。建议环保部针对地方环保部门、危险废物产生单位和经营单位定期开展分类培训。根据培训内容，组织危险废物领域专家和学者编写相关专业的培训教材，规范培训内容。

第四，加强处置能力建设。建议加大资金补贴和政策扶持力度；鼓励水泥窑等协同处置设施；鼓励有能力的企业高标准建设；鼓励自建利用处置设施提供对外经营服务；鼓励经营单位提升改造，拓展经营范围，提高处置能力。

第五，加强部门协调合作。在危险废物管理和处置过程中，涉及环保、卫生、建设、海关等多个管理部门，从危险废物的产生、污染防控，到最终的处理处置都需要各部门之间的通力协作和密切配合。同时，危险废物管理还涉及与其他省市和地区部门的合作。因此，建议各省市环保部门加强与其他部门及地区的合作，建立合作联动机制，加强联合执法，打击危险废物非法跨省、跨地区转移等问题。

（李金惠、孙笑非、宋庆彬、刘雪、朱宝莉；清华大学）

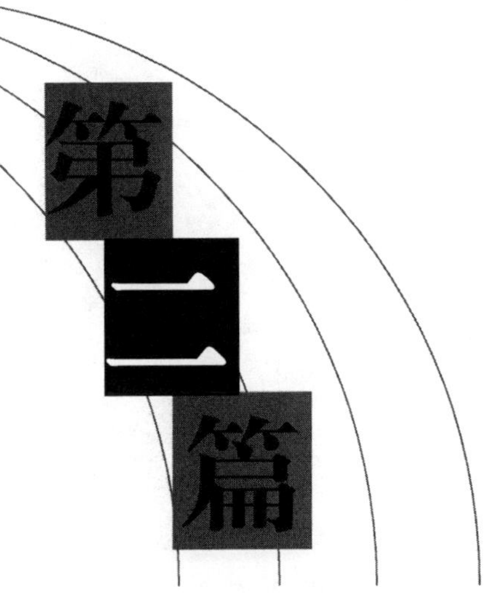

第二篇

废物进出口及越境转移管理

第六章

《巴塞尔公约》最新发展对我国固废管理工作的启示

《控制危险废物越境转移及其处置巴塞尔公约》（以下简称《巴塞尔公约》）于1989年通过，确立了危险废物和其他废物产生量最小化、环境无害化管理和控制越境转移的国际秩序，为保护发展中国家的环境利益发挥了积极作用。当前国际形势下，《巴塞尔公约》的发展正面临着新的形势：越境转移控制的废物范围发生变化，国际废物管理更关注源头减量和环境无害化，危险废物非法运输形势依然严峻，区域正成为未来公约履约的重要阵地等。与此相对应，我国的《巴塞尔公约》履约工作以固体废物管理为依托初见成效，但存在缺乏废物全生命周期管理的顶层履约战略和总体协调机制，废物源头减量和生命周期管理政出多头，对国际形势的重视和应对不足等问题。本章提出制订履约国家实施战略，建立决议落实国内协调机制，由跟随转向引领区域发展的《巴塞尔公约》国内履约思路和建议。

一、《巴塞尔公约》的重要性

人类社会自从有了消费就产生了废物问题，但是危险废物的产生则是与工业化的发展紧密相连的。目前，据《巴塞尔公约》秘书处对2010年国家报告数据的不完全统计情况显示，每年约产生3.6亿t危险废物，1.8亿t其他废物，但统计国家数量不足缔约方数量的35%。危险废物和其他废物的大量产生，如处理不当将对工业生产、经济发展和社会生活带来困扰和影响。危险废物和其他废物的处理方式主要包括三种：一是改变工艺流程，使用危险化学品的替代品；二是回收利用和处置；三是越境转移。《巴塞尔公约》于1989年通过，并于1992年生效，以维护发展中国家利益为出发点，是首个关于危险废物和其他废物源头减量、环境无害化管理和越境转移控制的全生命周期管理的综合性国际公约，旨在减少危险废物产生、处置及其越境转移对全球环境和人类健康的不利影响。据秘书处统计的数据显示，经济发达的OECD国家的危险废物产生量近5年呈现下降趋势，而落后的非洲地区以及亚洲、欧洲等非OECD国家的危险废物产生量仍呈明显的上升趋势。因此，《巴塞尔公约》对全球特别是发展中国家的经济发展、生态环境和人类健康具有更重要而深远的意义。

二、《巴塞尔公约》及其国际新形势

《巴塞尔公约》的发展是不断总结与改进的过程。公约缔约方大会每十年对过往成果进行总体回顾，并确定下一个十年的发展目标。25年来，随着公约两次十年发展战略的调整，公约正面临着新的形势。在全球可持续发展和“3R”的大力推动下，废物源头减量和资源化对越境转移制度的巨大冲击，废物越境转移给发展中国家带来的现实和潜在危害的形势依然严峻，主要表现在如下几个方面。

1．越境转移控制的废物范围缩小，公约管辖范围延伸

当前，《巴塞尔公约》所建立的越境转移控制的基本国际秩序正在经受前所未有的历史考验。一方面，工业化国家危险废物和新兴废物（如电子废物）大量产生和出口的需求。另一方面，以电子电器产品为例，亚非等全球经济发展偏低的地区已成为世界工厂，经济利益驱动着废旧产品进口的巨大市场需求。借助全球资源循环利用和可持续发展的大形势，公约正通过“电子废物和旧产品的区别和越境转移规则”、“废物定义”等法律变革缩小公约所严格管控的危险废物和住家废物的范围，同时，通过“旧产品”、“住家废物”、“循环利用”等法律术语的进一步界定和相关导则的制订，延伸公约的管辖范围，在公约框架下形成了这类废物明确区别于“危险废物”的越境转移管理规则。这实则是架空以禁止发达国家危险废物向发展中国家转移危险废物的“修正案”，构建新的国际规则实现更多废物的越境转移合法化。公约的法律变革将对全球废物流向、环境风险分布以及全球经济发展的国家分工带来深远影响。

2．国际废物管理更关注源头减量和环境无害化

《巴塞尔公约》正通过“关于防止、尽量减少和回收危险废物及其他废物的卡塔赫纳宣言”、“巴塞尔公约实施战略框架（至2021）”和“环境无害化管理框架”积极推进危险废物和其他废物的源头预防、产生量最小化、环境无害化管理的全生命周期原则，并要求缔约国制订国家实施战略进行推进。当前形势下，环境无害化管理和源头减量的发展将主要以推动建立国际、区域和国家不同层次的管理战略及具体工具为核心。环境无害化管理的发展更关注危险废物，忽略其他废物，越境转移和环境无害化管理的关系被广泛探讨，是否满足环境无害化管理的标准或将成为未来废物越境转移是否合法化的要素。未来，在废物源头减量和环境无害化管理方面的履约将成为评估《巴塞尔公约》国家层次履约成效和国家履约义务的重要指标。

3．打击危险废物非法运输不受关注，形势依然严峻

《巴塞尔公约》是保护发展中国家免受因危险废物和其他废物越境转移造成危害的国际协定，但是发展中国家因能力欠缺而在公约发展中向来是落后和跟随的角色，导致公约在直接影响发展中国家利益的越境转移控制、退运以及打击危险废物非法运输等领域，因缺乏发达国家的资金支持和关注而发展迟缓，导致公约通过25年来危险废物向发展中国家转移的非法运输案件仍时有发生，且退运问题困难重重，公约在维护其控制危险废物越境转移这一核心目标上缺乏强制执行手段的根本性问题仍未解决，非法运输形势依然严峻。

4．区域正成为未来公约履约的重要阵地

区域层次实现公约目标和达成共识是公约实现总体目标的重要途径，区域层次履约逐渐被各方所关注。2014 年首次在全球 5 个区域分别召开的缔约方大会会前区域磋商会议，是公约推动区域层面实现公约目标的起步，也是公约利用区域中心推动区域层次履约和磋商进程的一次实质性进展。巴塞尔公约区域中心作为推动公约在区域实现的重要机制，均由发展中国家主办，有利于在推动区域发展促进维护发展中国家利益。然而，发达国家对区域中心发展漠不关心，与发展中国家在区域中心责任问题上的争议愈加激烈，是发达国家削弱发展中国家区域影响力的集中表现。

三、对我国固体废物管理工作的启示

《巴塞尔公约》及其国际危险废物管理的新形势，对我国这样一个兼具全球生产制造基地和末端废物处理基地的发展中国家具有深远的影响。我国固体废物管理制度是以《巴塞尔公约》的核心理念为指导而建立的。然而，我国在固体废物管理制度完善的同时，却忽略了与国际管理新形势的跟进和接轨，履约发展新形势应引起国内固废管理的重视。

1．制订《巴塞尔公约》国家实施战略，建立废物全生命周期管理体系

我国《巴塞尔公约》履约工作缺乏战略统筹，包括源头减量的全生命周期管理的制度和履约机制尚未建立。尽管《固体废物污染环境防治法》包括了废物源头减量等生命周期管理理念，但由于缺乏相应的执行法规，我国没有建立全生命周期管理的顶层履约战略和总体履约机制，全生命周期管理制度也于法无据，导致各部门各管一端，采取不同的理念管理同类废物，部门行动与履约总体目标背离，也造成了社会上的认识混乱（废物与再生资源的争议）。例如，我国只重点管理工业危险废物管理，社会源危险废物管理十分薄弱，生活垃圾分类收集成效不足，危险废物、生活垃圾、工业固体废物的产生量还在逐年增长，产品中的有害物质没有得到有效控制，公约履约成效堪忧。因此，研究制订《巴塞尔公约》国家实施战略并建立废物全生命周期管理制度是促进我国履约的根本。

2．加强公约有关废物越境转移管理新形势下的国内落实

我国建立了以《固体废物污染环境防治法》为指导、废物进口目录制度为核心的废物进出口管理制度，并形成了由环境保护部牵头、海关质检等相关部门协同的废物进出口管理格局，近年来在规范废物进出口管理和打击废物走私方面发挥了重要作用。由于我国目前正处于经济发展与环境保护矛盾最突出的阶段，固体废物管理部门多忙于国内环境治理，忽视应对国际形势。作为公约国内实施的主管部门，环境保护部缺乏国内落实协调机制，与废物进出口管理直接相关的公约废物名录更新等重大变化未能被相关部门充分认识并纳入国内管理体系统筹考虑，发达国家力推的“电子废物和旧产品的鉴别标准”、“危险废物定义修订” 等公约法律变革和废物越境转移合法化的国际新趋势未能引起管理部门的足够重视，更无从谈及引导国际秩序。环境保护部 2015 年 9 月因禁止废枕木进口受企业起诉一事，充分折射出废物越境转移需求对管理制度的挑战。因此，我国应建立公约决议的跨部门落实机制，以促进废物进口管理工作及时反映国际形势，并逐步转向主动引领国际秩序，推动公约向有利于包括我国在内的发展中国家的利益方向发展。

3. 推动并引领打击危险废物非法运输的行动和国际秩序

我国一直以来十分重视打击危险废物非法进口，但危险废物非法进口情况仍时有发生，且存在鉴定难、退运难等实际问题。打击废物非法运输不能仅凭一国之力，国际公约的保护是最为有效的第一道防线。我国是最大的发展中国家，相较于亚太区域的其他发展中国家，危险废物非法进口对我国的影响和管理压力最明显。例如，尽管我国对固体废物实施三个百分之百的严格通关质检程序，但如此高成本的进口管理程序并未将废物走私完全杜绝。因此，我国应在推动修正案生效和打击废物非法运输方面逐步发挥主导作用，协调相关部门制订全球、区域和国家多层次行动计划，支持相关区域网络和培训活动开展，凝聚区域共识，推动公约有关尽量减少危险废物和其他废物越境转移的核心目标实现，维护包括我国在内的发展中国家的环境利益。

4. 充分利用巴塞尔公约区域中心促进区域影响

亚太区域中心作为区域履约职能机构，是促进国家加强国际环境联系、争取国家利益及其提升国家软实力的重要纽带。我国作为最大的发展中国家，需有效利用区域中心的优势和平台推动我国在废物领域的环境外交策略，促进我国环境政策和理念影响周边和辐射区域。

四、总结

危险废物及其他废物的全生命周期管理是经济发展、生态保护的根本保障。巴塞尔公约已经建立了一个对危险废物和其他废物的源头减量、环境无害化和越境转移控制的全球协调机制，对危险废物和其他废物环境无害化管理和越境转移控制不仅建立了国际标准也促进了国内立法。然而，与公约生效时的 20 世纪 90 年代初不同，当前全球“3R”和可持续发展正在大力推动，废物源头减量和资源化对越境转移管理造成巨大冲击，我国等发展中国家努力维护的禁止危险废物和电子废物越境转移的管制制度备受孤立。我国作为最大的发展中国家，一方面应加强与国际新形势的跟进和接轨，通过制订《巴塞尔公约》国家实施战略、建立废物全生命周期管理制度和公约决议跨部门落实机制等积极履行公约义务；另一方面应在打击废物非法运输及其建立国际秩序等发展中国家利益相关方面发挥主导作用，并充分利用区域中心平台推动我国的环境外交和区域影响。

（本报告由环境保护部国际合作司和巴塞尔公约亚太区域中心共同编制）

第七章
《巴塞尔公约》环境无害化管理的发展分析报告

《巴塞尔公约》是旨在保护人类健康和环境免受危险废物和其他废物的产生、转移和处置可能造成的不利影响的全球公约。我国政府于 1990 年 3 月 22 日签署公约，于 1991 年 9 月 4 日批准通过，标志着我国履约工作的正式开启。指导公约发展的 2012—2021 年新战略框架，正在快速推动环境无害化管理的发展，给我国《巴塞尔公约》履约及废物管理工作带来了新的形势与要求。

一、《巴塞尔公约》关于环境无害化管理的规定

环境无害化管理是公约三大核心目标之一。根据公约第 2 条，危险废物或其他废物的环境无害化管理是指采取一切可行步骤，确保危险废物或其他废物的管理方式将能保护人类健康和环境，使其免受这类废物可能产生的不利后果。公约第 4 条要求各缔约方采取适当措施，保证提供充分的处置设施用于危险废物和其他废物的环境无害化管理，同时保证参与废物管理的人员能够有效防止和减少废物管理工作中可能产生的污染。

《巴塞尔公约》缔约方大会每两年对公约重要行动进行审议评估，每十年总体回顾过往成果，并同时确定下一个十年的发展目标与规划。公约发展 25 年来，随着两次公约十年发展战略的调整，环境无害化管理在公约发展中的地位不断提升。

1. 第一个十年（1989—1999 年）

公约发展的第一个十年是致力于构建控制危险废物和其他废物越境转移法律框架的十年，此时期的环境无害化管理发展相对缓慢，处于具体废物流的环境无害化管理技术导则的制订初期。

由于公约没有对危险废物的鉴别和管理提出具体的步骤和技术上的标准，1989 年公约全权代表大会成立了技术工作组，负责起草公约管辖废物的环境无害化技术导则，目的是为缔约方提供技术指导。自此，技术导则成为贯穿公约框架下环境无害管理发展的基础组成。第一个十年发展中，公约共制订了 10 项技术导则（见表 2-3），包括巴塞尔技术导则的纲领文件，重点关注了危险废物处理处置技术及废有机溶剂、持久性有机物、废油、废旧轮胎和住家废物等优先废物流。

2. 第二个十年（2000—2010年）

1999年缔约方大会第五次会议通过了《关于实行环境无害化管理的巴塞尔宣言》（以下简称《巴塞尔宣言》）以及环境无害化管理的决定。《巴塞尔宣言》将环境无害化管理确定为公约未来十年发展的主题和进一步实现公约各项目标的基础，并提出建立与产业界和研究机构的公共私营伙伴关系是进行环境无害化管理的革新措施，标志着环境无害化管理进入了新的发展时期。

第二个十年中，公约继续制订了15项技术导则（见表2-3），并重点探索了通过伙伴关系、区域中心等举措推进环境无害化管理的革新措施，环境无害化管理在众多领域得到积极推动。在此期间，历届缔约方大会关于环境无害化管理的决定，细化了《巴塞尔宣言》所确定的内容，推行环境无害化管理举措和方式包括减少危险废物产生、建立伙伴关系、发展区域中心等9个方面。

3. 近五年（2011—2015年）

根据缔约方大会第九次会议第IX/26号决定[①]，为推动公约关于禁止危险废物越境转移的修正案的生效，印度尼西亚和瑞士政府发起了国家牵头的《提高巴塞尔公约成效的倡议》[②]（以下简称《印尼-瑞士倡议》），于2011年通过，将加强环境无害化管理作为实现公约及其修正案目标的重要途径之一。此后，环境无害化管理快速发展。

近五年，公约着重开展了旨在为各级废物管理机构（包括国际组织、区域中心、缔约方国家和地方政府等）提供实用性指导的环境无害化管理准则的制定，主要从管理政策、战略及措施方面考虑。为推进环境无害化管理准则制定及其实施，公约制定并通过了ESM框架，重点围绕ESM框架如何在各缔约方、区域中心及其他利益攸关方层面的实现，建立了ESM专家工作组及其工作方案，开发了环境无害化管理推广和实施用的ESM工具包，如表2-1所示。

表2-1 近五年公约在环境无害化管理方面的主要行动

主题	主要行动
继续制订技术导则	通过13项环境无害化管理技术导则（见表2-3），关注危险废物水泥窑共处置技术，以及含汞废物、电子废物及有机污染物废物流
开启管理准则制订	ESM框架：由缔约方大会决定成立的技术专家小组完成制订，于2013年缔约方大会第十一次会议通过
	ESM专家工作组：由各区域提名的25位国家代表/专家组成，主要工作包括制订ESM框架工作计划与相关工作的制定和落实
	ESM专家工作组的工作方案：旨在支持和实施ESM框架，目标是开发一套“ESM工具包”，包括制订一套ESM实用手册和优先废物流概况表、编制废物预防和减量准则、开展无害化管理试点项目、培训方案、门户网站和国家能力自我评估指南等

① 第IX/26号决定承认《主席关于推进〈禁运修正案〉的声明》，并请各缔约方考虑该拟议推进办法。

② 由三部分构成：促进《禁令修正案》生效；推广无害环境管理；以及其他要点，包括提高法律透明度、加强巴塞尔公约各区域和协调中心、更有效地打击非法贩运、帮助易受影响国家禁止危险物质的进口以及开展能力建设。

作为有关环境无害管理的总体性指导文件，ESM 框架旨在系统且全面地为缔约方进行危险废物和其他废物环境无害化管理提供指导，内容包括背景、范围和目标、指导原则、工具与战略、环境无害化管理与越境转移的联系、运行指标和建议 9 个部分。ESM 框架建立了对环境无害化管理所涵盖内容的共同理解，确定了支持和促进落实环境无害化管理的工具、落实环境无害化管理的战略、各国在国家一级可以采取的行动以及用于监测环境无害化管理落实进展的指标。

二、发展趋势与特点分析

一直以来，环境无害化管理与越境转移的联系是有关公约发展的广泛关注。公约发展 20 多年来，公约修正案发展缓慢且迟迟未能生效，缔约方大会也逐步意识到公约框架下全面禁止危险废物越境转移短期内难以实现、公约和修正案核心目标的实现需要绕道而行。对此，公约发展的重心逐渐转向环境无害化管理。

2009 年《巴塞尔宣言》将“环境无害化管理”确定为公约第二个十年发展的主题，2011 年缔约方大会第十次会议通过的公约第三个十年发展的战略框架（2012—2021 年）从指导原则、目标、实施手段和评价指标各个方面都强调了环境无害化管理的重要性，同时《印尼-瑞士倡议》将环境无害化管理作为提高公约成效的主要途径。环境无害化管理成为公约至 2021 年的重点发展目标。

综观环境无害化管理发展历程，三个阶段的推进方式不尽相同。第一个十年，致力于具体废物流的环境无害化管理技术导则的制订；第二个十年，制订环境无害化管理技术导则的同时探索了环境无害化管理发展的革新措施，通过伙伴关系机制、区域中心建设等领域积极推进环境无害化管理；近五年，发展重心更多地转向环境无害化管理战略和工具相关准则或指南的制定，从国际、区域和缔约方三个层次以及政府和处理处置设施两个方面，为不同层级推进和落实环境无害化管理提供指导，引导缔约方国家制定并实施危险废物和其他废物环境无害化管理战略。未来，环境无害化管理可能逐渐发展为考核公约实施成效和国家履约义务的指标。

三、我国环境无害化管理发展建议

公约 ESM 框架鼓励各国政府将战略制定和实施工作正规化，以在国家和地方各级促进和推动环境无害化管理。ESM 框架为各缔约方在中短期内环境无害化管理的实施提供了可采取的行动清单①，并提出了一套用于监测落实进展的指标。表 2-2 采用 ESM 框架衡量

① 包括促进私营部门及其他利益攸关方参与无害环境管理实施工作、制定国家立法、提供激励措施、实施与职业安全和健康有关规定、推动改进和/或建立无害环境管理基础设施、开展与无害环境管理战略实施审查与改进、汇编废物产生和管理的信息及信息系统开发 7 项内容。

缔约方政府一级进展的指标与我国环境无害化管理情况进行了比对分析，重点识别了公约有关履约要求和我国环境无害化管理的现状。

表 2-2　ESM 框架衡量指标与国内发展现状分析

ESM 框架衡量指标	国内环境无害化管理
1. 制定了执行有关国际/公约相关规定的各项法律法规	是：已建立较完善的固体废物环境管理法规体系，包括国家法律法规及地方法规等
2. 制定和实施了各项用于支持废物管理层级[①]的国家战略/计划/方案或系统	部分满足：已制订废物预防、循环利用和处置等不同环节的部门发展规划，但函告废物各层级的全生命周期管理的国家战略尚未确立
3. 促进废物管理部门持续改进的国家或地方计划的数量	是：《全国危险废物和医疗废物处置设施建设规划》、《“十二五”危险废物污染防治》及各省市相应规划
4. 建立了测量、监测、记录和报告系统，以评估落实废物环境无害化管理方面取得的进展	部分满足：已初步建立全国大中城市固体废物污染防治信息汇总系统和年报发布，废物基础信息内容有待进一步完善细化
5. 关于向环境无害化管理设施出口废物的通知书数量	是：环境保护部主管废物出口核准，为符合规定的出口签发出口核准通知书
6. 制定和实施用于支持定期检查和执法的检查者核对表	是：《危险废物规范化管理指标体系》对考核指标、评分等有详细规定
7. 积极参与各方及环境无害化管理相关的网络和信息交流	是：积极开展了与欧盟、日本、荷兰等的信息交换机制，发起并参与数项活动
8. 制定和落实废物环境无害化管理工作所涉职工的培训方案	是：对环保监管人员，国家每年开展废物环境无害化管理有关培训；对废物处理企业管理和技术人员，要求危险废物经营单位具备培训计划并定期演练

可以看出，我国环境无害化管理在制定国家立法、废物出口管理、废物管理检查与执法、促进各方参与、职业安全与培训方面能够很好地满足 ESM 框架对缔约方的要求，但在实施废物管理国家战略以及废物监测、记录和报告信息系统方面存在欠缺。对此，针对我国环境无害化管理工作提出如下建议：

第一，制订废物全生命周期管理的国家战略。围绕废物源头减量、循环利用和末端污染控制等不同环节，我国建立了以《固体废物污染环境防治法》为基础的法律法规体系，但缺乏涵盖废物层级管理的废物全生命周期管理的总体顶层战略。建议开展我国废物全生命周期管理国家战略相关研究，确立涵盖废物源头减量、资源化和最终处置等不同层级管理的生命周期管理制度，制订我国废物全生命周期管理的战略规划。

---

① 预防、减量化、再利用、循环利用、包括能源回收在内的其他回收方式，以及最后处置。

第二，完善全国固体废物信息系统。我国已初步建立了大中城市固体废物污染防治信息系统，并于 2014 年起每年向社会发布。然而目前该信息系统中仅包括一般工业固体废物、工业危险废物、医疗废物和生活垃圾 4 大类废物的总体数据。以危险废物为例，缺乏具体废物类型、产生源、数量等基础和细化的信息。建议完善废物信息统计制度，为危险废物和固体废物管理和政策制订提供基础数据和信息支撑。

附件：

表 2-3　《巴塞尔公约》通过的环境无害化管理技术导则

序号	名　称
	第一个十年（1989—1999年）
1	巴塞尔公约所辖废物的环境无害化管理技术的纲领文件（COP 2 通过）
2	关于有机溶剂在生产和使用中产生的危险废物（Y6）的技术导则（COP 2 通过）
3	关于危险废物——产于和源于石油的废油（Y8）的技术导则（COP 2 通过）
4	由多氯联苯、多氯三联苯和多溴联苯组成或含有此种物质的废物（Y10）的技术导则（COP 2 通过）
5	关于住家收集的废物（Y46）的技术导则（COP 2 通过）
6	关于特别工程填埋（D5）的技术导则（COP 3 通过）
7	关于陆上焚化（D10）的技术导则（COP 3 通过）
8	关于废油再精炼或以其他方式重新使用已使用过的油料（R9）的技术导则（COP 3 通过）
9	废旧轮胎的鉴别和管理技术导则（COP 5 通过）
10	危险废物物理化学处理（D9）和生物处理（D8）的技术导则（COP 5 通过）
	第二个十年（2000—2010年）
11	废铅酸蓄电池环境无害化管理技术导则（COP 6 通过）
12	生物医疗和卫生保健废物环境无害化管理技术准则（Y1；Y3）（COP 6 通过）
13	塑料废物的确定、环境无害化管理及其处置的技术导则（COP 6 通过）
14	船舶全部和部分拆解环境无害化管理技术导则（COP 6 通过）
15	对危险特性 H11——慢性或延迟毒性的定性
16	危险特性 H12——生态毒性的暂行导则（COP 6 通过）
17	关于对由持久性有机污染物（POPs）构成、含有此类污染物或受其污染的废物实行环境无害化管理的一般性技术导则（COP 7 通过）
18	关于对由多氯联苯、多氯三联苯或多溴联苯构成、含有此类物质或受到此类物质污染的废物实行环境无害化管理的增订技术导则（COP 7 通过）
19	关于附件Ⅲ危险特性 H13 的暂行导则（COP 7 通过）
20	关于危险特性 H6.2——感染性物质的技术导则（COP 7 通过）
21	关于金属和金属化合物的再循环或回收（R4）的技术导则（COP 7 通过）
22	关于对废旧移动电话试行环境无害化管理的指导文件（COP 9 部分通过）
23	关于对由 1,1,1-三氯-2,2-双（4-氯苯基）乙烷（滴滴涕）构成、含有此种物质或受其污染的废物实行环境无害化管理技术导则
24	关于对由无意生产的多氯二苯并对二噁英、多氯二苯并呋喃、六氯苯、多氯联苯或五氯苯构成、含有此类物质或受其污染的废物实行环境无害化管理的技术导则（COP 12 通过）
25	对含有艾氏剂、氯丹、狄氏剂、异狄氏剂、七氯、六氯苯（HCB）、灭蚁灵或毒杀酚杀虫剂或受到此类物质污染的废物实行环境无害化管理技术导则
	近五年（2011—2015年）
26	废旧轮胎实行环境无害化管理技术导则（COP 10 通过）
27	对含汞废物实行环境无害化管理技术导则（COP 10 通过）
28	危险废物水泥窑共处置技术导则（COP 10 通过）
29	关于对废旧和报废计算机设备进行环境无害化管理的指导文件（COP 10 部分通过）

序号	名 称
30	关于对由汞或汞化合物构成、含有此类物质或受其污染的废物实行环境无害化管理的技术导则（COP 12 通过）
31	关于对由持久性有机污染物（POPs）构成、含有此类污染物或受其污染的废物实行环境无害化管理的增订技术导则（COP 12 通过）
32	关于对由多氯联苯、多氯三联苯或多溴联苯构成、含有此类物质或受到此类物质污染的废物实行环境无害化管理的增订技术导则（COP 12 通过）
33	关于对由全氟辛烷磺酸及其盐类以及全氟辛基磺酰氟构成、含有此类物质或受其污染的废物实行环境无害化管理的增订技术导则（COP 12 通过）
34	关于对由下列农药构成、含有此类物质或受其污染的废物实行环境无害化管理的技术导则：艾氏剂、甲型六氯环己烷、乙型六氯环己烷、氯丹、十氯酮、狄氏剂、异狄氏剂、七氯、六氯苯、林丹、灭蚁灵、五氯苯、全氟辛烷磺酸、技术硫丹及其相关异构体或毒杀芬，或作为工业化学品的六氯苯（COP 12 通过）
35	关于对由六溴二苯醚和七溴二苯醚或四溴二苯醚和五溴二苯醚构成、含此类物质或受其污染的废物实行环境无害化管理的技术导则（COP 12 通过）
36	关于对由六溴环十二烷构成、含有此类物质或受其污染的废物实行环境无害化管理的技术导则（COP 12 通过）
37	关于电气与电子废物及二手电气与电子设备越境转移，尤其是关于《巴塞尔公约》规定的废物与非废物区分问题的技术导则（COP 12 暂行通过）

（李金惠、郑莉霞、段立哲；巴塞尔公约亚太区域中心）

第八章
部分国家和地区废物相关行政许可管理制度

环境行政许可是指享有环境行政许可权的行政主体根据环境行政管理相对人的申请，依法赋予符合法定条件的相对人从事某种为环境法律、法规一般禁止事项的权利和资格的一种行政执法行为。从世界各国的环境立法来看，环境行政许可制度是防范环境风险的一项“支柱性”法律制度。这一制度便于把影响环境的各种开发建设活动、排污行为纳入国家统一管理的轨道，使政府能够有效进行环境管理，因而其在现代环境法上得到广泛运用。瑞典是最早实施环境许可的国家，各西方发达国家都普遍设置了较为完善的环境行政许可制度。对我国而言，环境行政许可制度也是我国环境保护领域的基本制度之一，是我国保护环境和维护生态平衡的重要手段。

废物行政许可是环境行政许可必要组成部分，在废物管理、污染控制领域发挥了重要的作用。我国在废物行政许可领域设立了危险废物经营许可、固体废物进口许可、危险废物出口核准等管理机制，同时也建立了许可证、批准书等多类型许可种类。为了更好地实现环境管理的规范化、法治化和现代化，有必要在介绍典型国家或地区废物相关行政许可管理制度的基础上，为我国废物相关许可制度的发展提供借鉴。

一、部分国家或地区的环境行政许可制度

（一）美国

20世纪末至21世纪初，美国联邦政府率先在环境行政管理领域中进行了积极的尝试，对传统环境行政许可制度进行了改革，打破了以往单向式刚性监管的格局，强调许可职能部门和许可程序的开放性与公众参与性，注重以经济手段保证许可内容的有效执行。这些环境行政许可制度之所以能够发挥作用，一方面与环境执法的效力有很大关系，另一方面则源于这些许可制度本身的合理性，而这种合理性主要体现为美国政府在环保领域的较为先进的行政理念与策略，主要包括以下几个方面。

（1）既重视法治政府的构建，又注重行政的民主性

20世纪70年代起，美国开始致力于法治政府的构建，在塑造法治形象的同时，也注

重行政的民主性，在行政管理中扩大公民参与。主要通过以下的途径：①通过制订行政程序法、情报公开法在法律上确立公众的知情权和表达权；②推广社区主义的治理模式，强调自下而上的参与，使公共政策的制订和执行更能符合民众最直接的需要；③推行网络互动模式，推动公民与政府的直接对话和信息的双向互动。

（2）注重发挥非政府组织的作用

根据美国非政府组织研究中心的统计显示，目前，在美国境内从事环境保护与监督的非政府组织（NGOs）已经接近 3 000 个，有 12%的组织正在协助政府执行环境监察、环境影响评价、环保指标计划等重要职能，这些组织的积极活动，降低了政府的行政成本，增加了公众管理环境事务、参与环境决策的热情和途径。更为重要的是改善了以往公众对政府行政机关缺乏信任和认同感的局面，使环境行政许可的透明度得以提升。

（3）规范刚性行政手段，引入柔性行政手段

行政制裁和行政强制是古老的刚性行政手段。在维持行政管理秩序方面，容易收到令行禁止的效果，但效果具有递减性，而且容易造成行政主体与相对人之间的对立。美国政府在进一步规范刚性手段的同时，引入柔性手段，通过调适行政主体与相对人之间的紧张关系而增进二者之间的合作。《清洁空气法 2005 修正案》中的自觉守法报告制度、EPA 的环境守法指导、对企业环境守法的技术支持以及为公众和相对人提供环境监测信息的行政服务，都是引进行政法领域的柔性手段。

（4）引入积极的经济激励机制

在《酸雨项目》《2003 清洁天空法》和《NO_x 项目》中，推行可交易的污染许可，为私人领域提供了强大的创新动力，促进其研究和采取较少污染的生产方式。经济激励取消了命令式管制，用经济手段去重构市场，实现管理目标。这种方式的实质是借助于价格信号把执行法律的决定交由市场主体做出，从而减少强制手段的运用。为了使经济激励行之有效，美国环境行政许可制度确立了以科技手段为核心的一整套监督措施，保障环境许可实施的真性和有效性，EPA 的官方资料显示，这一方式比传统的命令型管理节约了管理成本达到 30%。

（二）德国

作为欧盟的代表国家，德国的环境行政许可主要分为两种：第一种是针对许可所指对象的分类，分为针对设备的许可、针对主体的许可和综合性许可。第二种是根据许可的规范内容的分类，包括控制式许可和特别许可。

控制性许可又称“附许可保留的禁止”，又称预防式许可，目的在于对这一活动的环境风险进行管理，而不是控制法律主体不让其从事此种类型活动。这种许可审查是积极性的，只要该行为符合实体法的规定，行政机关就应当发放许可。特别许可是法律将具有社会危害性或者不符合社会理想的某种行为予以普遍禁止，但是又允许在特别规定的例外情况下，赋予当事人从事禁止行为的自由。总体来看，德国的经验主要包括以下三点：

其一，一体化、整体性的环境保护理念。德国环境行政许可制度最大的特色就是其采取的一体化的环境保护理念，在审查是否对一个设施发放排放许可时，行政机关不但对所有的排放要件进行审查，而且还审查设施是否遵守循环经济和垃圾处理义务，能源节约义务，以及此设施所涉及的其他公法义务。

其二，注重协商的作用。把设施异议人和申请人之间的协商程序化，设置异议期来平衡程序效率和第三人利益，且建立了严格的告示制度。这些程序和机制，构成相关利益主体参与行政许可的制度基础，保障了异议权的行使。

其三，德国的环境行政许可采用类型化处理的方法。根据环境风险大小，把环境行政许可类型化为控制性许可和特别许可两种。在前一种许可中，许可的要件明确，基本排除行政机关的自由裁量权，只要达到法定条件，行政机关就应当发放许可。在后一种许可中，行政机关享有裁量权。法律把大部分的许可都归入第一种类型的许可，这样，很好地实现了环境风险管理和企业自由发展之间的关系。

二、部分国家和地区危险废物/废物经营许可制度

（一）美国

根据美国《资源回收与利用法》（RCRA），美国对危险废物采用许可管理的办法，并规定了特定的要求，以确保危险废物的安全处理、贮存和处置。危险废物处理、贮存和处置的许可证由美国环保局区域办公室或经授权的州政府发放。根据 RCRA 的规定，所有目前或计划处理、贮存或处置危险废物的设施都必须获得 RCRA 许可证；所有的产生、运输、循环利用、处理、贮存和处置危险废物的设施都被要求向美国环保局或州环保部门通知其危险废物的经营活动。许可证会概述每个设施应执行的废物管理活动和条件，例如设施的设计和运行、所采用的安全标准以及设施必须执行的活动，如监控和报告等。

（二）德国

德国危险废物许可制度，属于特许许可，包括产生许可和清除许可两类。危险废物产生的各个环节，如产生危险废物的设施的建设、投产、物料、生产、运输、使用等环节，必须经过许可才能正常运营。而从事清除活动的前提是清除机构及其清除设施得到许可。

（三）日本

在日本，与废物管理相关的法规主要有两个，分别是《废物管理和公共卫生法》（以下简称《废物处理法》）和《危险废物和其他废物进出口控制法》（以下简称《巴塞尔法》）。根据《废物处理法》，一般废物是指工业废物以外的废物，即家庭废物；工业废物包括煤灰、石膏、重原油灰、排水处理污泥。《废物处理法》将具有爆炸性、毒性、传染性等危

及他人健康或影响生活环境的废物，根据其特性分为“特别管理的工业废物”和“特别管理的一般废物”。对于特别管理的工业废物，与普通工业废物不同，需执行特别的处置标准和强制的行业许可要求，从产生阶段到处理处置过程中必须小心贮存和处置。

此外，《废物处理法》对工业废物处理设施的分类及规模进行了严格的标准设置，除环境大臣认可的情况之外，工业废物处理设施的建设必须获得许可。而对于装载在车辆上的、由排放企事业单位自行进行处理所使用的移动式设施，只要符合既定标准也必须获得许可。

（四）韩国

根据韩国《废物控制法案》第 32 条规定，在拟设立废物处理处置设施或开展废物处理处置工作之前，须按照法律规定的程序申请获得许可，此类许可分为清洁大气法案框架下的许可、水质量及生态系统保护法案框架下的许可、噪声污染控制法案框架下的许可三种类别。此外，除传统的环境行政许可制度以外，韩国正不断尝试采用如“废物合法处置的网上申报系统”等新的形式推动废物管理的发展。

（五）中国香港

香港的环境行政许可制度在废物处置领域的运用最为突出。特区政府对废物处置实行许可证、授权及牌照制度，对堆填区、化学废物处理设施及废物转运站均采取设计、建造及运营的特许经营模式。

通常情况下，当政府需要建设公共基础设施时，应当对该公共设施提出要求和标准，向社会招标。通过严格招投标程序，确定营运者（承包商），签订详细的运营管理合同。但这种采取设计、建造及运营的特许经营模式也对政府提出了更高的要求：

①需要大量的财政投入。政府既要投资建设施，还要支付这些设施营运和后续维修及保养费用。

②对政府策划、管理水平提出了更高的要求。在市场经济体制下，政府的主要职能包括组织处理负责堆填区、转运站及化学废物处理中心的选址、设施建设、运营的发包、招投标工作，签订相关经营合同，监督管理等。

③要求政府职能转变，政府并不直接参与废物处置的主体业务，在前期规划中担当掌舵者的角色，在后期则是购买服务的付费者。通过引入市场竞争机制，打破所有制界限，破除部门垄断，积极鼓励和引导企业参与废物管理，逐步达到环保投资主体多元化、管理现代化、运营市场化、产业化的目的。

（六）中国台湾

《废物清理法》是台湾地区进行废物回收利用和管理工作的主要法规。根据《废物清理法》，固体废物分为一般废物和事业废物两大类。一般废物是指由日常生活或其他非经营性活动产生的固体或液体废物；事业废物包括有害事业废物和一般事业废物，其中有害事业废物是指由经营性企业产生的具有毒性、危险性，并且其浓度或数量会对人体健康造成危害或者对环境造成污染的废物，一般事业废物是指由经营性企业或单位产生的除有害事业废物外的废物。

废物处理公司通过社会招标选定，获得清除事业废物的执业资格的公司方可参加竞争。公司要获得清除事业废物的资质，需要经过严格的审查。

二、部分国家和地区废物进出口行政许可制度

（一）美国

根据美国联邦法规第40篇第262部分第F子部分，危险废物进口者须满足特定要求，这些要求包括正确鉴别废物、通知美国环保局其进口计划、启用联单追踪并遵守记录保持和报告规定。美国对危险废物进口并没有许可限制，废物接收设施只需提前通告美国环保局即可。

（二）日本

根据《废物管理和公共卫生法》（以下简称《废物处理法》）和《危险废物和其他废物进出口控制法》（以下简称《巴塞尔法》），日本对废物进口用于回收和处置实行许可制度。

日本《巴塞尔法》第8条规定：①任何要进口“危险废物”的个人，都有义务获得根据《外汇和对外贸易法》第52条的进口批准规定的许可。②环境省为了防止环境污染，必要时，可以在经济贸易产业省（以下简称“经产省”）颁发进口许可证之前，向其说明意见并要求必要的解释。

日本《废物处理法》第15-4-3条对工业废物的进口做出了规定，任何要进口废物（航运废物和携带废物除外）的个人（日本中央政府和环境省条例指定的个人或机构除外）都必须获得环境省颁发的许可证，以处置为目的的进口须满足以下条件：①该废物基于日本现有处理手段和技术在日本境内可以妥善处置；②许可申请者必须是可以提供指定国外废物处置服务的工业废物或特别管理工业废物处置承包商，拥有可以处置指定废物的工业废物处置设施的个人，或者环境省条例指定的申请人。此外，许可的颁发还要考虑日本国内环境的保护。

以上可以看出，日本没有绝对禁止进口的废物，《废物处理法》要求废物的进口需要获得环境省颁发的许可证，而《巴塞尔法》要求危险废物的进口许可则由经产省颁发，环境省需要确保采取了防止环境污染的充足措施。许可证颁发的依据是环境省或者相应机构基于日本现有的废物处理能力和废物本身性质做出的判断。

废物进口有两种不同情形，以《巴塞尔法》管制的危险废物进口流程为例，则需要分

别依据《巴塞尔法》《贸易法》及《关税法》进行进口许可申请。首先由出口者通过出口国主管机构向日本环境省提出废物越境转移计划（含越境转移通知单）；再由进口者依据《贸易法》向经产省申请进口许可；待环境省回复出口国政府同意进口后，经产省方能许可进口，并核发进口许可证；最后进口者依据关税法向海关提出进口申请，经海关许可进口后，废物即可进口。

（三）欧盟

根据《废物装运法例》第 3 条，欧盟将废物按其危险特性分为绿色清单废物和琥珀色清单废物，以分别适用不同的进口控制程序。黄色清单废物（危险废物）的进口需要获得进口国的许可。每个欧盟国家许可程序的规定因国而异。

（四）澳大利亚

根据《危险废物进出口控制法》，危险废物进口者须向环境部长申请进口许可证，环境部长判断申请符合一定条件后颁发进口许可证（第 12 条和第 17 条）。

根据该法第 39 条，进口危险废物的个人必须满足以下条件之一：①持有授权其进口废物的进口许可证；②持有授权其进口废物的转口许可证；③获得环境部长命令，对已出口危险废物在不能按预期处理的情况下进行进口；④获得环境部长命令，对违反第 40 条规定出口的危险废物进行进口。

根据澳大利亚与危险废物出口国是否缔结了《巴塞尔公约》第 11 条所指的双边或多边协议，危险废物进口许可证分为两类，分别是巴塞尔进口许可证和特殊进口许可证。其中特殊进口许可证即适用于其他双边或多边协议条款的危险废物进口许可证。《危险废物进出口控制法》第 13B 条规定，许可证申请者在申请时必须注明申请巴塞尔许可证还是特殊许可证，两类许可证不能同时申请。

在许可证管理方面，澳大利亚主管部门对废物的评估是决定废物进口能否得到许可的重要环节。而主管部门在审批过程中，拥有较大的解释权。根据澳大利亚《危险废物进出口控制法》第 17 条和第 17A 条规定：与危险废物有关进口、出口、转口请求都需要澳大利亚环保部同意并向有关部门提供必要消息。

（五）新加坡

在 1988 年颁布的《环境公共健康（有毒工业废物）条例》（2000 年修订）中，新加坡规定进口废物必须获得书面许可。

1998 年 3 月颁布实施《危险废物出口、进口及过境控制法》（1998 年 5 月修订）及其条例《危险废物出口、进口及过境控制条例》（2000 年 1 月修订），根据规定，任何人想要进口危险废物应向污染控制部门申领许可证。与澳大利亚相似，新加坡根据危险废物出口国是《巴塞尔公约》缔约方或其他国际协定缔约方，而将许可证分为巴塞尔许可证和特殊许可证。

（六）越南

越南《环境保护法》第 43 条规定，允许进口一些用作生产材料的废料，但必须满足一定的条件以获得废料进口许可证。此外还规定，由于废料的进口是一种特殊的商业行为，因此贸易部应负有主要责任，并协同自然资源与环境部，发布废料进口需适用的商业标准和条件。

关于国际商品贸易的第 12/2006/ND-CP 号决定规定，商品（包括废物）以再出口为目的的临时进口应取得越南工业和贸易部颁发的许可证。越南自然资源与环境部制订具体的进口废料清单。

2011 年越南自然资源与环境部发布了关于危险废物管理的第 12/2011/TT-BTNMT 号通知，其中对危险废物以再出口为目的的临时进口程序进行了如下规定，如果危险废物在越南领土内转移，则进口者须持有危险废物转移许可证，而如果危险废物不在越南领土内进行转移，则不需获得危险废物转移许可证。

（七）泰国

对于进口和出口需要控制的废物，泰国实行分类、分部门管理机制。根据《危险物质法案》第 18 条，废物被分为四类，并规定相应部门对四类废物分级别进行控制：

①第一类有害物质，其生产、进出口或贮存应当按照确定的规则和程序；②第二类有害物质，其生产、进出口或贮存应当事先通知主管官员，并按照确定的规则和程序；③第三类有害物质，其生产、进出口或贮存应当被许可；④第四类有害物质，其生产、进出口或贮存被禁止。对于上述需要获取进口许可的第三类有害物质，《危险物质法案》第 24 条规定了“临时许可”条款，即在申请许可的指定期限内，进口者可以临时开展进口活动，直至主管官员拒绝颁发许可证为止。此外，这些物质的许可由不同部门负责颁发，例如废塑料进口许可的颁发主管部门是工业部的工业工厂部门。

（八）中国香港

根据《废物处置条例》，香港将废物按其危险特性分为两大类，即可循环再造的非危险废物（附表 2-4）和危险废物（附表 2-5）。其中危险废物和“受污染”废物需要申请获得香港环保署颁发的许可证方可进口；此外，非危险废物依据是否用于循环利用分别进行豁免管理或者申请环保署颁发的许可证。

在越境转移方面，如果危险废物在香港装卸货则必须同时持有环保署颁发的废物进口许可证和出口许可证，如果危险废物不在香港卸货则豁免许可证制度的管理。

（九）中国台湾

《废弃物清理法》是我国台湾地区进行废弃物回收利用和管理工作的主要法规，该法（第 38 条）规定了事业废弃物的进出口实行许可证制度。对限制进口的事业废弃物实行许可证制度，并按照一般事业废弃物和有害事业废弃物进行分级管理。

根据台湾《废弃物输入输出过境转口管理办法》：事业废弃物的输入、输出、转口、过境，都应获得直辖市、县（市）主管机关申请核发许可文件；其中，对于有害事业废弃物，应先经主管机关之同意。但事业废弃物经主管机关会商目的事业主管机关公告，属产业用料需求者可以豁免。

可以看出，台湾地区对于固体废物进口管理实行许可制度，具体分为二级制。一般事业废弃物进口须申请地方环境保护部门颁发许可文件；有害事业废弃物进口必须先经环境保护部门同意，再由各地方环境保护部门颁发许可文件。

台湾地区事业废弃物进出口许可申请流程分为两类，具体如图 2-1 所示。

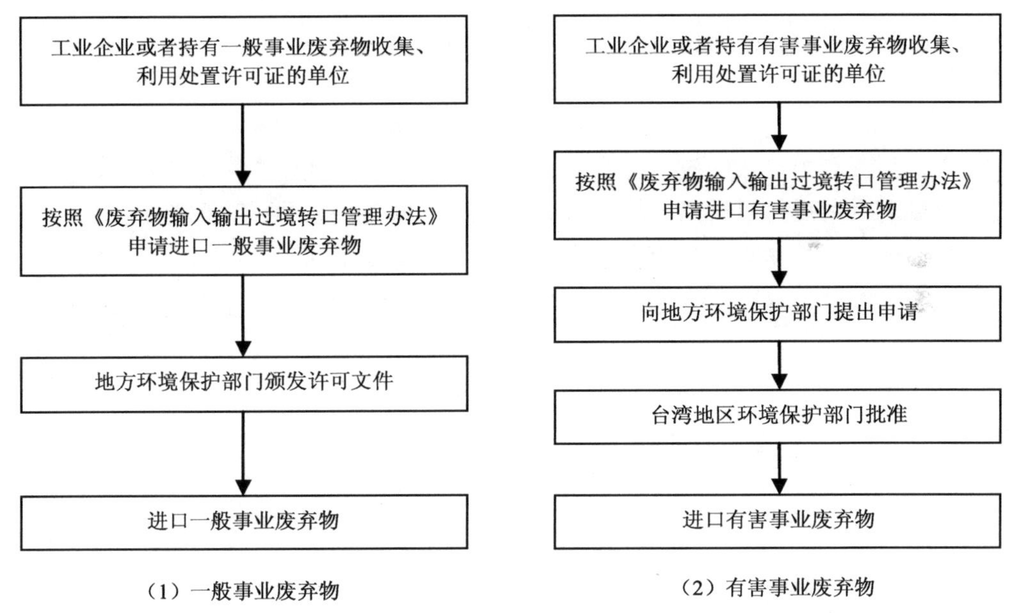

图 2-1　台湾地区废弃物进出口申请许可流程

四、总结

从西方国家的环境管理经验来看，许可证制度是环境管理的关键环节。许可制度之所以成为环境管理的核心制度，因其具有下列特性：一是许可证制度具有强制性，对某类行为实施许可证管理，其前提是法律对该类行为的一般禁止，未获得许可，任何人不得从事该类活动，否则必须承担法律责任；二是许可证制度具有限制性，实行许可证就是将公民从事某类活动的权利限制起来，便于实行集中、总体把关；三是许可证制度可以实行总量控制，国家可以根据经济、社会、环境发展的需要及其承受能力，通过控制发放许可证的数量和在许可证中附加数量要求等方式，对管理活动进行总量控制；四是许可证制度可以实行针对性管理，许可证发放是一个申请者一个证，管理者可以根据具体情况对申请者提出不同的要求；五是许可证制度具有资源再分配性质，许可证发放就是对资源的再分配，可以根据公平合理的原则对稀缺资源进行分配。

综上分析，各国普遍设立了废物行政许可制度，而同时在许可种类、许可方式以及许可制度的配套管理制度设立等方面存在显著差异，而这也是导致废物行政许可制度在各国作用存在差异的重要原因。

具体来说，在废物经营行政许可方面，大部分国家普遍设有废物经营行政许可制度，且以危险废物管理的行政许可制度为主，以一般固体废物的行政许可制度为辅，有很多国家仅有危险废物经营行政许可。通过研究发现，各国在废物经营行政许可的配套管理制度设置方面存在较大差异，而这也在很大程度上影响废物经营行政许可制度作用的发挥。在废物进出口许可方面，对于危险废物，各国普遍遵循了《巴塞尔公约》的相关规定进行着严格的进出口许可/通知书管理；而对于一般可利用废物，各国则要求不一，主要体现为：发达国家普遍对可利用废物的进口不限制，如日本、美国等；多数国家特别是发展中国家需获得主管部门许可后方可进口废物，如泰国、越南等；此外，还有部分国家禁止进口一般废物，如柬埔寨、老挝等。在实际执行过程中，各国废物的进/出口许可证多由国家层次主管部门颁发，并需征询其他相关部门的意见，这主要是为了保证一国对废物进/出口许可标准统一管理和把握。

附录一：

表 2-4　部分国家或地区废物行政许可及其配套制度情况一览

区域	国家/地区	废物行政许可	废物行政许可的各项配套管理制度				
			废物清单	非法排污处罚（对排污者）	废物非法处理处罚（对排污者）	废物不当处理处罚（对处理企业）	废物处置税
亚太	日本	**	**	**	**	**	**
	韩国	**	**	—	*	**	**
	越南	**	*	—	—	**	—
	泰国	*	**	**	—	**	—
	马来西亚	*	**	**	—	**	—
	菲律宾	**	**	**	*	*	—
	台湾（中国）	**	*	**	*	*	**
欧洲	英国	**	**	**	**	**	**
	法国	**	**	*	*	*	**
	德国	**	**	**	—	**	**
	荷兰	**	**	**	**	**	**
	丹麦	**	**	**	**	**	**
美洲	美国	**	**	**	**	**	**
	加拿大	**	**	**	**	**	*

注：本表信息依据日本 Kansai University 及 Tohoku University 大学在全球范围内向各国政府及企业发放的问卷调查结果（Takayoshi and Shunsuke，2010）。“**”代表存在该项管理制度且规定明确、运行顺利；“*”代表虽存在该项制度但运转不良、管理不规范或需要完善；“—”表示该项管理制度缺失。

附录二：

表 2-5 部分国家或地区废物进出口行政许可情况一览

<table>
<tr><th>区域</th><th>国家</th><th>主管部门</th><th>主要法律法规</th><th>废物进出口行政许可的规定</th></tr>
<tr><td rowspan="11">亚太</td><td rowspan="2">越南</td><td rowspan="2">自然资源与环境部、商业部</td><td rowspan="2">《环境保护法》《关于危险废物管理的第12/2011/TT-BTNMT号通知》</td><td>危险废物：如果危险废物在越南领土内转移，则进口者须持有危险废物转移许可证，而如果危险废物不在越南领土内进行转移，则不需获得危险废物转移许可证</td></tr>
<tr><td>一般固体废物：允许进口一些用作生产材料的废料，但必须满足一定的条件以获得废料进口许可证。对于暂时进口至越南再出口的废物，不需要许可（商品，包括废物，以再出口为目的的临时进口应取得越南工业和贸易部颁发的许可证）</td></tr>
<tr><td>泰国</td><td>工业部</td><td>《有害物质法案》B.E.2535</td><td>泰国在没有合适的处置设施时可以将废物出口到签订《巴塞尔公约》的国家。泰国允许以回收为目的的废物进口，但应在获得工业部的进口许可证的条件下。
对于进口和出口需要控制的废物，泰国实行分类、分部门管理机制。将废物分为四类，并规定相应部门对四类废物分级别进行控制：1）第一类有害物质，其生产、进出口或贮存应当按照确定的规则和程序；2）第二类有害物质，其生产、进出口或贮存应当事先通知主管官员，并按照确定的规则和程序；3）第三类有害物质，其生产、进出口或贮存应当被许可；4）第四类有害物质，其生产、进出口或贮存被禁止。对于上述需要获取进口许可的第三类有害物质，规定了“临时许可”条款，即在申请许可的指定期限内，进口者可以临时开展进口活动，直至主管官员拒绝颁发许可证为止</td></tr>
<tr><td rowspan="2">新加坡</td><td rowspan="2">—</td><td rowspan="2">《环境公共健康条例》《危险废物出口、进口及过境控制法及过境控制条例》</td><td>危险废物：任何人想要进口危险废物应向污染控制部门申领许可证。新加坡根据危险废物出口国是《巴塞尔公约》缔约国还是其他国际协定缔约国，而将许可证分为巴塞尔许可证和特殊许可证</td></tr>
<tr><td>一般固体废物：进口一般废物必须获得书面许可</td></tr>
<tr><td rowspan="2">马来西亚</td><td rowspan="2">环境部</td><td rowspan="2">《环境质量法案》（EQA1974）</td><td>危险废物：马来西亚禁止以最终处置为目的的危险废物的进口；可利用危险废物的进口须经环境理事的许可。若危险废物可以在本地进行处理，则不允许出口该危险废物。用于回收为目的而出口的危险废物，必须要满足出口方针中所规定的可回收最小百分比要求</td></tr>
<tr><td>一般固体废物：—</td></tr>
<tr><td rowspan="2">柬埔寨</td><td rowspan="2">环境部</td><td rowspan="2">《固体废物管理二级法令》</td><td>危险废物：危险废物出口需遵循《巴塞尔公约》的程序</td></tr>
<tr><td>一般固体废物：柬埔寨禁止任何废物包括可回收废物的进口，柬埔寨对于最终处置和回收为目的的废物出口无法律限制</td></tr>
<tr><td>日本</td><td>环境省</td><td>《危险废物和其他废物进出口控制法》《废物管理和公共卫生法》</td><td>危险废物：任何要进口“危险废物”的个人，都有义务获得根据《外汇和对外贸易法》第52条的进口批准规定的许可。此外，日本《废物处理法》第15-4-3条对工业废物的进口做出了规定，任何要进口废物（航运废物和携带废物除外）的个人（日本中央政府和环境省条例指定的个人或机构除外）都必须获得环境省颁发的许可证</td></tr>
</table>

区域	国家	主管部门	主要法律法规	废物进出口行政许可的规定
亚太	日本	环境省	《危险废物和其他废物进出口控制法》《废物管理和公共卫生法》	一般固体废物：日本对废物进口用于回收和处置实行许可制度。但日本没有绝对禁止进口的废物，《废物处理法》要求废物的进口需要获得环境省颁发的许可证。可利用废物在日本的法律定义中不是废物，进出口不受限制
	韩国	环境部	《废物控制法》	危险废物：遵照《巴塞尔公约》
				一般固体废物：韩国对以最终处置和回收为目的的所有废物限制进出口。出口或进口一般废弃物均应通知环境部长
	老挝	自然资源与环境部	《环境保护法》《环境保护政策首要法》	危险废物：只要符合《巴塞尔公约》和《斯德哥尔摩公约》的相关要求，可出口任何废物，出口企业需在环保部门登记
				一般固体废物：只允许进口二手汽车，需获得许可
	澳大利亚	环保部	《危险废物进出口控制法》	危险废物：危险废物进口者须向环境部长申请进口许可证，环境部长判断申请符合一定条件后颁发进口许可证。根据澳大利亚与危险废物出口国是否缔结了《巴塞尔公约》第11条所指的双边或多边协议，危险废物进口许可证分为两类，分别是巴塞尔进口许可证和特殊进口许可证。其中特殊进口许可证即适用于其他双边或多边协议条款的危险废物进口许可证
				一般固体废物：—
欧洲	欧盟	—	《欧盟（EC）1013/2006号条例》《巴塞尔公约》《废物装运法例》	危险废物：欧盟将废物按其危险特性分为绿色清单废物和黄色清单废物，以分别适用不同的进口控制程序。黄色清单废物（危险废物）的进口需要获得进口国的许可。每个国家许可程序的规定因国而异
				一般固体废物：以最终处置和回收为目的的所有废物，包括可利用废物的进口需遵循欧盟条例的规定。对于一般非危险废物，若得到进口国主管部门同意则可出口
美洲	美国	环保局	RCRA	危险废物：美国对危险废物进口并没有许可限制，废物接收设施只需提前通告美国环保局即可。但危险废物进口者须满足特定要求，这些要求包括正确鉴别废物、通知美国环保局其进口计划、启用联单追踪并遵守记录保持和报告规定
				一般固体废物：美国不将"可利用废物"认定为是废物，因而进出口不受限制
	阿根廷	环境保护和污染防治部	第24.051号国家法律	危险废物：阿根廷禁止进口危险废物和放射性废物以及其国家法律规定的危险废物
				一般固体废物：一般可利用废物进口需要得到环保部门许可，阿根廷对于危险废物的出口不存在任何限制
	巴西	环境部、巴西环境和再生自然资源学会	《固体废物国家政策》《国家环境委员会008号决定》	危险废物：巴西禁止危险固体废物和存在风险的固体废物的进口。巴西对于所有废物，包括可利用废物的出口不存在限制
				一般固体废物：巴西允许进口非惰性废物

区域	国家	主管部门	主要法律法规	废物进出口行政许可的规定
非洲	尼日利亚	联邦环境部	1988年第42号法令	危险废物：尼日利亚限制以最终处置为目的的危险废物的出口
				一般固体废物：经联邦环境部许可的可利用废物允许进口
	南非	环境事务和旅游部门	2003年第71号《国际贸易管理法案》	经国际贸易管理委员会许可后，允许包括可利用废物在内的所有废物以回收为目的的出口。南非允许进口南部非洲发展共同体国家在国内不能处置的废物；限制以回收为目的的废物的进口，尤其是电子废物

注：本表信息是依据各国或地区法律法规及政府网站官方信息以及与部分国家相关代表口头咨询所得信息整理而成。“—”表示暂时缺省信息。

（本报告由巴塞尔公约亚太区域中心编制）

第九章

部分国家可利用废物的进出口规定

亚太区域中心于 2013 年 4 月 28 日至 5 月 10 日在瑞士日内瓦参加巴塞尔、鹿特丹、斯德哥尔摩三公约常规缔约方会议及特别会议期间，与部分国家负责巴塞尔公约的国家代表口头咨询了关于可利用废物的进出口管理情况，包括是否允许进口，是否采取许可制度，以及主管部门等信息。依据访谈信息，并对照各国国家报告信息后整理出部分国家可利用废物进出口管理情况一览表（见附件表 2-6）。

总体而言，多数国家不限制可利用废物的出口，如涉及危险废物问题，则遵循《巴塞尔公约》的相关规定。部分国家对可利用废物的进口不限制，这些国家均为发达国家，如瑞士、法国、日本、美国等。多数国家特别是发展中国家需获得主管部门许可后方可进口可利用废物，如泰国、越南、马来西亚、阿根廷、韩国、荷兰等。此外，还有部分国家禁止进口可利用废物，如柬埔寨、老挝、德国等。

附件：

表 2-6　部分国家可利用废物进出口管理情况一览*

区域	国家	主管部门	主要法律法规	可利用废物进出口的规定
亚太区域	柬埔寨	环境部	《固体废物管理二级法令》	出口：柬埔寨对于最终处置和回收为目的的废物出口无法律限制，危险废物出口需遵循巴塞尔公约的程序
				进口：柬埔寨禁止任何废物包括可回收废物的进口
	越南	自然资源与环境部	《环境保护法》	出口：越南禁止出口可利用废物
				进口：越南允许可利用废物的进口，须经环保部门许可。对于暂时进口至越南再出口的废物，不需要许可
	泰国	工业部	《有害物质法案》B.E.2535	出口：泰国危险废物出口需遵循《有害物质法案》B.E.2535 规定的程序，泰国在没有合适的处置设施时可以将废物出口到签订《巴塞尔公约》的国家
				进口：泰国允许以回收为目的的废物进口，但需在获得工业部的进口许可证的条件下。禁止进口铅蓄电池、塑料废物、废轮胎同时包括橡胶废物等
	马来西亚	环境部	《环境质量法案》（EQA1974）	出口：若危险废物可以使用马来西亚当地设施进行处理，则不允许出口该危险废物。用于回收为目的而出口的危险废物，必须要满足出口方针中所规定的可回收最小百分比要求
				进口：马来西亚禁止以最终处置为目的的危险废物的进口；可利用危险废物的进口须经环境理事的许可
	日本	环境省	《危险废物和其他废物进出口控制法》《废物管理和公共卫生法》	出口：可利用废物在日本的法律定义中不是废物，进出口不受限制
				进口：可利用废物在日本的法律定义中不是废物，进出口不受限制
	韩国	环境部	《废物控制法》	出口：韩国对以最终处置和回收为目的的所有废物限制出口。出口或进口一般废物均应通知环境部长
				进口：韩国对以最终处置和回收为目的的所有废物限制进口。出口或进口一般废物均应通知环境部长
	老挝	自然资源与环境部	《环境保护法》《环境保护政策首要法》	出口：只要符合《巴塞尔公约》和《斯德哥尔摩公约》的相关要求，可出口包括可利用废物在内的任何废物，出口企业需在环保部门登记
				进口：只允许进口二手汽车，需获得许可
	美国	环保局	RCRA	出口：美国可利用废物不认为是废物，进出口不受限制
				进口：美国可利用废物不认为是废物，进出口不受限制

区域	国家	主管部门	主要法律法规	可利用废物进出口的规定
欧盟	荷兰	工业和环境部	欧盟（EC）1013/2006号条例	出口：荷兰危险废物出口需遵循欧盟（EC）1013/2006号条例的规定。对于非危险废物，若得到进口国主管部门的同意则可出口
				进口：荷兰以最终处置和回收为目的的所有废物，包括可利用废物的进口需遵循欧盟（EC）1013/2006号条例的规定。一般情况下，荷兰不允许进口以填埋为目的的废物
	法国	能源、生态和可持续发展部	欧盟（EC）1013/2006号条例	出口：法国对于包括可利用废物在内的所有废物的出口不存在任何限制，并允许以最终处置为目的的废物出口至欧盟国家和欧洲自由贸易联盟国家
				进口：法国对于包括可利用废物在内的所有废物的进口不存在任何限制
	德国	联邦环境局	《废物运输条例》	出口：德国禁止以最终处置为目的的废物出口至非欧盟和非欧盟欧洲自由贸易联盟国家
				进口：除了OECD国家和存在双边协议的国家，德国禁止从其他非巴塞尔公约缔约方国家进口以最终处置和回收为目的的废物
	瑞士	瑞士环境局	《巴塞尔公约》	出口：瑞士限制以最终处置和回收为目的的废物的出口。禁止出口危险废物至非OECD国家
				进口：瑞士对于废物的进口不存在法律限制，遵循《巴塞尔公约》的规定
拉美	阿根廷	环境保护和污染防治部	第24.051号国家法律	出口：阿根廷对于危险废物和其他废物的出口不存在任何限制
				进口：阿根廷禁止进口危险废物和放射性废物以及其国家法律规定的危险废物，一般可利用废物进口需要得到环保部门许可
	巴西	环境部、巴西环境和再生自然资源学会	《固体废物国家政策》《国家环境委员会008号决定》	出口：巴西对于所有废物，包括可利用废物的出口不存在限制
				进口：巴西禁止危险固体废物和存在风险的固体废物的进口。但允许进口非惰性废物
非洲	尼日利亚	联邦环境部	1988年第42号法令	出口：尼日利亚限制以最终处置为目的的危险废物的出口
				进口：经联邦环境部许可的可利用废物允许进口
	南非	环境事务和旅游部门	2003年第71号《国际贸易管理法案》	出口：经国际贸易管理委员会许可后，允许包括可利用废物在内的所有废物以回收为目的的出口
				进口：南非允许进口南部非洲发展共同体国家在国内不能处置的废物；限制以回收为目的的废物的进口，尤其是电子废物

* 本表根据2013年4月28日至5月10日三公约同期特别缔约方大会期间访谈信息加工整理。

（李金惠、郑莉霞、陈源、连汇汇；巴塞尔公约亚太区域中心）

第十章
中、日、韩三国电子废物越境转移及其管理现状

电子废物产生及其影响已成为国际、区域和各国共同面临的重要环境课题。《控制危险废物越境转移及其处置巴塞尔公约》从 2002 年起推动电子废物环境无害化管理及越境转移控制，解决电子废物问题成为一项重要的全球性战略任务。根据联合国环境规划署数据，全球每年产生 2 000 万～5 000 万 t 电子废物，占所有城市固体废物的 5%以上。中国电子废物越境转移管理始于 20 世纪 90 年代，法律法规日渐成熟，但日、韩向我国非法转移电子废物的现象仍时有发生。电子废物越境转移是《中日韩环境合作联合行动计划（2015—2019）》的优先合作领域，体现了三国对该电子废物的持续关注和重视。本章整理分析了中、日、韩电子废物越境转移相关信息和资料，为三国电子废物越境转移相关合作提出了建议。

一、电子废物非法越境转移形势

1．我国依然是国外电子废物非法越境转移目的地

据海关总署统计，2013 年至 2015 年上半年，中国海关查获走私废物刑事案件 343 起，查证各类涉案废物数量 149.26 万 t。2013 年和 2014 年，海关查获此类刑事案件 196 起，查证涉案废物 114.95 万 t[①]，其中查获电子废物、废矿渣、旧衣服等禁止进口的固体废物共 25 万 t，其中 2014 年查获 19.2 万 t，是 2013 年的 3.3 倍[②,③]。2015 年上半年共查获刑事案件 147 起，查证涉案废物 34.31 万 t，刑事案件数量相比前两年大为增加。

根据海关总署发布的信息，我国 2015 年持续查获电子废物走私案件（包括旧电子产品走私案件），如表 2-7 所示。其中，据深圳湾海关了解，走私的旧手机一旦没有查获而入境后，会经过维修翻新、系统更新和重新包装，再次流入销售市场，这类翻新手机缺乏质量保障，存在安全隐患，消费者合法权益可能会受到损害。

---

① http://www.banyuetan.org/chcontent/jrt/2015417/131945.html

② http://news.xinhuanet.com/legal/2015-04/26/c_127734178.htm

③ http://www.customs.gov.cn/publish/portal0/tab67049/info730654.htm

表 2-7 2015 年我国查获废旧电器电子产品走私案件情况

地点	时间	种类	数量	入境方式
新疆伊犁霍尔果斯海关	3 月 13 日[①]	废旧三星手机电池	290 块	客车藏匿走私
	7 月 22 日[②]	电子废物	2 kg	行李藏匿走私
深圳湾海关[③]	3 月 25 日	旧苹果手机	658 部	货车藏匿走私
	截至 3 月 25 日	旧手机	2 200 部	货车藏匿走私
深圳罗湖海关	7 月 2 日[④]	旧烂手机屏	476 块	行李藏匿走私
	8 月 14 日[⑤]	旧 CPU	41 块	行李藏匿走私
		旧硬盘	4 个	
广州大铲海关[⑥]	10 月 13 日	旧汽车发动机	9 个货柜	走私

贵屿等非正规电子废物拆解处理场所是我国电子废物非法进口的主要目的地，近年来进口量已有显著缩减。调查发现[⑦]，在国家严禁电子废物进口之前，贵屿处理的电子废物中约有 80%来自国外，但在国家政策和进口成本等各类因素的影响下，目前进口废物比例已缩减至 20%。根据获取信息的初步估算，贵屿目前电子废物处理总量约为 140 万 t/年，其中 1/4 左右为电路板。进口电子废物整体上主要来自美国、欧洲和日、韩等发达国家和地区。例如，贵屿回收处理的锂电池约有 90%来自国外，主要是日本。而据中国香港环境保护署称，香港近几年废旧锂离子电池进口有增多的趋势[⑧]。

2. 我国香港为日、韩电子废物非法转移的主要中转地，最终多流入大陆

根据世界海关组织亚太区域情报联络办公室 CEN 数据库和香港海关信息[⑨]，我国香港 2014 年共截获电子废物非法越境转移案例 35 起，涉及废旧平板显示屏、电池、笔记本电脑、CRT 显示器等，价值 430 多万港元，主要来自日本、韩国、新加坡、美国、加拿大等国。2015 年 1 月至 10 月，香港截获电子废物非法越境转移案例 37 起，数量可观，价值达 660 多万港元。其中，7 月 13 日，查获来自日本的废旧平板显示屏 1.2 万个，其申报名称为使用过的液晶板；7 月 29 日，查获来自菲律宾的废旧平板显示屏 40 万个、废旧电池 7 t，申报名称为混合金属。香港作为以服务业为主的港口城市，自身缺乏电子废物处理能力，其进口的电子废物多以转口为主。从香港环境保护署了解到，大部分电子废物经香港转口后流入中国大陆。

---

① http://www.customs.gov.cn/publish/portal166/tab64131/info734551.htm

② http://www.customs.gov.cn/publish/portal166/tab64131/info765997.htm

③ http://www.customs.gov.cn/publish/portal109/tab61265/info735125.htm

④ http://www.customs.gov.cn/publish/portal109/tab63784/info779169.htm

⑤ http://www.customs.gov.cn/publish/portal109/tab70641/info782318.htm

⑥ http://www.customs.gov.cn/publish/portal109/tab63784/info779387.htm

⑦ 清华大学/巴塞尔公约亚太区域中心贵屿实地考察，2015 年 9 月。

⑧ Border Control Practice against Import of Hazardous Waste，香港环境保护署，2014 年亚洲网络会议.

⑨ Hazardous Waste Cases Detected by Hong Kong Customs，香港海关，2015 年亚洲网络会议.

3. 日、韩为亚太区域电子废物非法越境转移的主要来源国，不受监管的个体回收构成非法越境转移的主要来源

根据海关总署统计，韩国、日本位列中国海关近年（2013 年至 2015 年上半年）查获走私废物刑事案件所涉国家前两名。2013 年 10 月至 2014 年 9 月，亚太地区海关联合行动——补天行动查获电子废物非法越境转移案件 40 起，其中来自韩国和日本分别为 11 起和 8 起。通过比较联合国大学（UNU）2015 年发布的研究报告①中有关三国电子废物产生量的数据与三国电子废物规范处理量的数据（表 2-8）发现，三国电子废物规范处理率均处于较低水平。日、韩较低的规范处理率意味着存在非法出口的可能性，而不受监管的个体回收方式构成电子废物非法出口的主要来源。

表 2-8　中国、日本和韩国电子废物产生量与规范处理情况

国家/地区	产生量/万 t	规范处理量/万 t	规范处理率/%
中国	603①	80②、③	13.3
日本	220①	51.8④、⑤、⑥	23.5
韩国	80①	14.7	18.4

据 2014 年日本环境大臣和经济产业大臣联席会议上的关于家电回收再利用的总结报告中显示，估测约有 10%的国内回收的废家电，有可能通过混入金属废料等形式，被非法出口到了中国等国，2012 年 4 月至 2013 年 3 月之间非法出口量约为 130 万台⑦。根据韩国环境部统计资料，韩国废旧小型家电有 30%～50%被非法出口至日本、瑞典和中国等国⑧。其中，日本、瑞典均为发达国家，本身也有大量废旧家电出口需求，因此，推断其不是最终目的地，而是贸易中转地。

① Baldé CP, Wang F, Kuehr R, et al. The global e-waste monitor–2014. Bonn: United Nations University, IAS – SCYCLE, 2015.

② 2014 年全国大、中城市固体废物污染环境防治年报. 中国环境保护部, 2014.

③ 废弃电器电子产品处理行业年度报告（2013 年版）. 中国再生资源回收利用协会, 2015.

④ http://www.env.go.jp/recycle/recycling/recyclable/25jokyo.pdf

⑤ http://www.env.go.jp/press/press.php?serial=18323

⑥ 家电回收年度报告（2013）.日本一般财团法人家电制品协会, 2014.

⑦ Japan’s Recent Developments and Challenges on Implementation of the Basel Convention. 日本环境省, 2014 年亚洲网络会议. http://www.env.go.jp/en/recycle/asian_net/Annual_Workshops/2014_PDF/Day1_S1_03_Japan.pdf.

⑧ Disused Home Appliances Door-to-door Pick-up Service. Republic of Korea: Ministry of Environment, 2014.

二、电子废物回收与越境转移管理动态

1. 在国内管理方面，中、日、韩均采用生产者责任延伸（EPR）制度作为电子废物回收处理的基本管理制度，并不断完善

中国废弃电器电子产品处理目录由先前的 4 类大型家电和微型计算机进一步扩增至 14 类，新目录自 2016 年 3 月起实施。日本和韩国已将 EPR 管理目录逐渐从大型产品扩展至更多类型的小型产品，分别达到 34 类和 29 类（如表 2-9 所示）。韩国计划到 2016 年前进一步将管理目录扩增至 50 种①。2014 年 1 月，韩国引入新的废弃电器电子产品回收目标管理系统，将回收目标的设定由销售量的一定百分比改为人均回收重量，进而根据制造商的市场份额确定其各自的回收目标②。此外，2015 年 1 月 20 日，韩国对《废物管理法》和《电器电子设备资源循环法》进行了修订，以提高国内废物回收率和环境无害化管理水平，并建立电器电子设备资源循环体系。

表 2-9　中、日、韩三国废弃电器电子产品回收管理目录

国家	相关法规	颁布年份	管理目录
日本	《资源有效利用促进法》	1991 年	个人计算机、小型二次电池
	《家电回收法》	1998 年	空调、电视机、电冰箱和冷冻柜、洗衣机和干衣机
	《小型家电回收法》	2012 年	有线通信设备、无线通信设备、广播和电视接收器、摄影器材、音响设备等 28 类
韩国	《资源节约及回收利用促进法》	1992 年	电池、荧光灯
	《电器电子产品及汽车资源循环法》	2007 年	电视机、电冰箱、洗衣机、空调器、个人计算机等 27 类
中国	《废弃电器电子产品回收处理管理条例》	2009 年	废弃电器电子产品处理目录（第一批）：电视机、电冰箱、洗衣机、房间空调器、微型计算机
			废弃电器电子产品处理目录（2014 年版，2016 年 3 月开始施行）：电冰箱、空气调节器、吸油烟机、洗衣机、电热水器等 14 类

2. 在越境转移管理方面，日、韩对电子废物出口管制相对我国进口管理较为宽松，导致中国面临更大的执法和监管压力

中国对电子废物进口实行禁止和许可相结合的分类管理制度，并在《进口废物管理目

① Heo H, Jung M. Case Study for OECD Project on Extended Producer Responsibility. Republic of Korea: Ministry of Environment, 2014.

② Manomaivibool P, Hong J H. Two Decades, Three WEEE Systems: How Far Did EPR Evolve in Korea's Resource Circulation Policy?. Resources, Conservation and Recycling, 2014, 83: 202-212.

录》中明确列出相关产品名录，绝大部分电子废物被禁止进口，只有用于金属回收的废五金电器类可通过申请许可证进口。相对而言，日、韩作为主要输出国，对电子废物进出口管制则较为宽松，主要是基于《巴塞尔公约》依据危险特性判定电子废物是否属于受管制的危险废物，因此仅对废印刷电路板、废 CRT 显示器、废铅酸电池等危险性电子废物进行管制，而且对二手电器电子产品的进出口贸易不进行管制。因此，日、韩电子废物可能以伪报名称（废五金电器类、废金属或二手产品）的方式向我国非法出口，导致我国进口查验压力较大。

3．近几年，日本开始关注与电子废物非法出口相关的金属废料出口问题

近几年日本港口或海上发生多起运往中国的装有金属废料的船舶火灾事故，其中发现了废电器电子产品残骸。金属废料中所掺杂的电子废物有可能属于日本关于危险废物进出口管理的《巴塞尔法》管制，但是日本海关实际操作中尚未建立判定这些金属废料是否具备危险特性的评估方法。实际上，根据日本对废物的定义，由于金属废料具有价值，因而不纳入废物进行管制，从而导致部分应予日本国内回收的废家电被混杂在金属废料中进行非法出口。目前日本环境省和经济产业省已经开始着手解决这个问题。

4．日本电子废物以二手产品名义非法出口的现象也受到管理部门关注

日本对二手电器电子产品进出口视同一般商品贸易，并无额外的管制措施，因而电子废物经常以二手产品名义进行非法出口。2014 年 4 月，日本开始实施《淘汰的电器电子产品作为二手商品出口时的判定标准》（以下简称《判定标准》），要求出口淘汰的电器电子产品时进行二手产品鉴定，但也允许功能不完好的产品以在进口国维修后再使用为目的进行出口。然而，《判定标准》的实施并没有起到预期效果，以再使用为目的出口的二手产品被进口国以非法运输原因退运的现象并没有得到抑制，如表 2-10 所示。其中，中国香港主要作为向中国大陆中转的港口。

表 2-10　日本收到非法运输退运通知的案例①

年份	案例数量	国家/地区（案例数量）	申报名称（案例数量）
2012	7	中国香港（2）、马来西亚（2）、尼日利亚（2）、韩国（1）	用于再使用的二手电器电子产品（6）、混合金属废料（1）
2013	5	中国香港（2）、马来西亚（1）、印尼度尼西亚（1）、中国澳门（1）	用于再使用的二手电器电子产品（3）、使用过的汽车部件（1）
2014	9	中国香港（8）、泰国（1）	用于再使用的二手电器电子产品（7）、使用过的电池（2）、混合金属废料（1）
2015（截至 10 月）	14	中国香港（14）	用于再使用的二手电器电子产品（12）

① Japan’s Experiences and Challenges on the Export of Used EEE for Reuse Purpose. 日本经济产业省，2015 年亚洲网络会议。

三、电子废物越境转移管理国际趋势与日、韩主张

2015 年 5 月，《巴塞尔公约》第 12 次缔约方大会临时通过了关于电子废物与二手产品越境转移的技术准则，将对各国电子废物与二手产品进口管理政策产生重要影响。根据公约准则关于电子废物与二手产品的区别标准，被认定为二手产品的旧电器电子设备（包括用于维修、翻新或故障分析后再使用的旧设备）已明确不受公约越境转移程序控制，除非国家立法将其规定为废物。因此，缔约方如果将旧产品认作废物，需要有国家立法依据，并向公约秘书处发出通告。在此背景下，日本将根据公约准则进一步修订其国家标准，韩国也有计划建立电器电子产品废旧鉴别标准。

日本正在借助亚洲网络等会议平台，积极推动各国就其利益主张达成共识。日本近年来在亚洲网络会议上，介绍其关于通过越境转移促进环境无害化管理的区域电子废物管理理念，意图说明电子废物越境转移的必要性，并通过开展各国管理现状问卷调查，试图说明各国已具备电子废物与二手产品进口管理的条件，以推动各国就其利益关注形成共识，并推动公约准则向符合其期望方向发展。一贯地，在中、日、韩环境合作机制下，日、韩主张将电子废物越境转移管理领域合并纳入环境友好型社会/3R/物质循环型社会领域中，企图用“材料循环”的名义削弱电子废物越境转移带来环境污染的本质问题。

四、电子废物越境转移管理建议

第一，针对贵屿进口日本旧电池现状，建议环保部与商务部开展联合调查，完善相关管理制度。随着公约电子废物与二手产品越境转移准则的通过，以及各国相关标准的相继建立，电子废物与二手产品进口管理已然紧密相关。我国对电子废物与旧机电产品进口实行分别独立管理、缺乏废旧鉴别标准的现状，已经不能满足管理需求。贵屿旧电池的进口、海关查获旧手机走私等案件，说明我国电子废物与旧机电产品进口管理漏洞的存在。因此，建议环保部与商务部针对电子废物与旧机电产品建立协调一致的联合管理机制，明确我国对旧电池、旧手机等的进口管理规定，研究建立废旧鉴别标准，完善现有管理制度。

第二，加强中、日、韩电子废物越境转移信息交换机制，持续跟进亚洲网络等日、韩主导的相关会议平台。在中、日、韩环境合作机制下，加强中、日、韩电子废物越境转移信息交换，促进维护我国利益。一方面，在现有三国电子废物越境转移研讨会机制下，阐述日、韩向我国非法越境转移电子废物给我国环境和人体健康造成的危害，强调三国开展电子废物非法越境转移信息交换、联合打击非法贸易的重要性，并强调电子废物非法越境转移的输出方应承担输入方的环境污染责任；另一方面，支持并发挥亚太区域巴塞尔论坛的平台作用，推动并逐步建成由我国主导促进我国环境保护的电子废物越境转移多边信息交换机制。同时，对亚洲网络等日、韩主导的网络平台进行持续跟踪，了解其利益主张和

相关动态，为我国应对提供信息支持。

第三，开展中、日、韩之间电子废物越境转移流向调研，并重点研究我国香港的中转作用。电子废物越境转移存在渠道复杂、信息零散、跟踪困难、长期存在等特点，建议支持开展有关中、日、韩电子废物越境转移流向跟踪研究，重点调研香港中转作用，为我国相关政策制订和加强海关监管合作提供基础和支持。

（李金惠、郑莉霞、刘芳；巴塞尔公约亚太区域中心）

第十一章
中美电子废物进出口管理政策研究及建议

一、我国电子废物进口管理及现状分析

（一）我国固体废物进口政策法规和管理制度

20 世纪 90 年代以来，我国以《危险废物越境转移及其处置巴塞尔公约》（以下简称《巴塞尔公约》）签署为标志，基本建立了一套较为完整的进口废物管理法律法规体系：形成了由环境保护部牵头，经济、商务、海关、检验检疫等部门各司其职、相互配合的进口废物审批、检验检疫、通关查验、后期监管等环节的全过程管理体系；建立了进口废物分类目录管理制度，以及加工利用定点企业资质核定和“圈区管理”制度；积极开展了防范废物非法越境转移的国际合作，与欧盟、日本、我国香港等主要进口废物来源地建立了信息交换机制。

（二）我国电子废物进口目录管理

我国《电子废物污染环境防治管理办法》和《废弃电器电子产品处理污染控制技术规范》分别给出了电子废物和废弃电器电子产品的明确定义。在电子废物进口管理方面，目前实行普遍禁止、有限进口的管理政策。《禁止进口固体废物目录》中明确列出废弃家用电器电子产品等 9 类产品以及废电池，而废五金电器、废电线电缆和废电机被列入《限制进口类可用作原料的固体废物目录》。

（三）电子废物向我国非法转移的基本情况

我国电子废物产生量巨大，处理企业规范化管理尚处于起步阶段，多数企业以拆解为主，资源化加工能力有待发展，在电子废物产生量快速增长的形势下，其环境无害化管理将面临挑战。与此同时，美国、日本等发达国家源源不断向我国非法转移电子废物，更大大增加了我国电子废物管理的负担。加强电子废物进口管理，严厉打击电子废物非法越境转移，成为我国电子废物管理领域的重要工作。

2013年我国海关开展了“绿篱行动”，严打“洋垃圾”走私活动，取得了显著的成果。截至2013年10月共查获了来自中国香港以及越南、缅甸、蒙古等周边国家和地区的1 500余t电子废物，主要进口港口涉及厦门、南宁、昆明、广东等地。2014年初，我国海关破获了“绿篱”专项行动以来的全国最大宗“洋垃圾”走私犯罪案件，当场查扣涉案集装箱185个及电子废物散货200多t。经查明，犯罪团伙直接从欧美、日本等发达国家购买废旧笔记本电脑、电脑配件等电子废物，走私途径涉及我国东北境外，在香港、辽宁、广东三地迂回，最后通过非设关地偷运至我国境内，自2013年以来共走私2 800多个货柜及散货电子废物共计72 000余t。

发达国家向我国转移电子废物的中转地主要是我国香港、澳门地区以及越南等周边国家。据香港海关2010年统计，香港海关查获的电子废物种类主要有废电池和废阴极射线管等，美国是主要来源国。我国澳门地区近几年也查获了来自日本、韩国、马来西亚等国家的废阴极射线管等电子废物。值得注意的是，广东多地海关查获了港澳小型船舶走私电子废物的案件，小型船舶走私更具隐蔽性和灵活性，增加了打击难度。此外，越南电子废物出口和过境管理的宽松政策也导致其成为发达国家向我国转移电子废物的主要中转地。

二、美国电子废物进出口管理和出口情况分析

（一）美国电子废物产生与管理现状

美国也是电子废物产生大国，美国电子产品回收联盟的一份报告指出，2011年美国电子废物产生量约为240万t，其中只有27%得到了适当处置。在回收方面，美国电子废物的回收渠道包括市政部门、销售商、回收商、非营利机构或环保组织、生产者或行业组织、政府伙伴关系项目等，一方面有利于电子废物的回收，另一方面却不利于进行统一管理。随着美国电子废物管理相关法律法规的实施和回收技术的改进，美国电子废物被回收和处理数量逐渐增多，进入填埋场的数量逐渐减少，但仍有一大部分被再次销售（包括出口）。

美国《资源保护与回收法》建立了美国固体废物的基础管理体系，但美国环保局并不将可再使用的废旧电子产品认定为“废物”，因此，大部分废旧电子产品不受该法律的管制。由于电子废物立法进程受到基金模式分歧的影响，美国至今还没有出台联邦层次电子废物管理法规，截至2013年年底，仅有25个州通过了电子废物回收法。然而，各州法律主要关注废阴极射线管显示器，对于其他电子废物种类关注较少，而且目的是回收电子废物，禁止或避免其填埋处置，对出口关注也较少。此外，各州具体要求参差不齐，不利于电子废物统一管理。美国联邦政府成立了联邦跨部门电子产品管理特别小组，并于2011年颁布了《电子产品管理国家战略》，来促进电子废物的管理。

持证回收是美国废旧电子产品安全管理的必要组成部分。美国有两个废旧电子产品回收企业认证机制，即R2认证和E-stewards认证。两个机构都建立了环境、劳动者健康和

安全标准，并设立了出口标准。其中，E-stewards 标准禁止向非经合组织国家出口某些危险物质，严格遵守《巴塞尔公约》的规定；R2 则允许出口至任何国家，只要目的国设施的运营符合 R2 标准，并且不禁止进口废旧电子产品。截至 2013 年年底，美国有 450 多个电子产品翻新和回收企业得到认证。

（二）美国电子废物进出口管理

美国虽然签署了《巴塞尔公约》，但至今尚未批准通过。在废物进出口管理立法上，没有对电子废物做出明确规定。《资源保护与回收法》对危险废物进出口做出了规定，其中涉及的电子废物只有特定条件下的废阴极射线管。美国已经提议对《资源保护与回收法》进行修订，以更好地跟踪废旧计算机显示器和电视机中的阴极射线管的出口情况，并于 2014 年颁布最终规则。此外，2013 年 7 月美国国会再次引入《电子产品回收责任法》的草案（HR2791），该草案将部分废旧电子产品和材料归类为危险废物。一经颁布，将允许联邦机构管理并禁止某些废旧电子产品向非经合组织国家的出口。但随着美国国内回收活动的增加和废旧电子产品的衍生商品向非经合组织国家制造中心的出口，电子废物拆解产生的商品材料的出口将很可能会增加。

（三）美国废旧电子产品出口情况

美国《电子产品管理国家战略》中对“废旧电子产品”（Used Electronic Products，UEP）和“电子废物”（E-Waste）的概念进行了解释，指出电子废物是接近有效寿命期限的废旧电子产品。为了强调再使用和回收责任的重要性，美国故意弱化了“电子废物”的含义，在《电子产品管理国家战略》中使用“废旧电子产品”术语。因此可再使用的完整产品或零部件以及可回收利用的材料都可再次销售或出口，而这与我国关于电子废物的进口政策是相悖的。

在上述关于废旧电子产品的概念界定下，美国国际贸易委员会对 2011 年美国废旧电子产品（包括视听设备、计算机及其外围设备、数码产品、手机及其他通信设备等消费类 IT 设备及其零部件）出口情况进行了调查。报告指出，美国出口的废旧电子产品主要包括翻新产品和可回收产品，其中可回收电子产品的出口比例要高于翻新产品。可回收产品大部分在出口前已经在美国国内经过了一定程度的加工处理，出口最大（在价值上）的种类主要是拆解产生的商品材料（包括金属、塑料和非 CRT 玻璃），其次是破碎的电路板。美国对这些原材料的需求越来越低，许多直接出口到中国、印度等世界主要的制造中心。

对手机、笔记本电脑、台式计算机、CRT、硬盘和平板显示器六类电子产品（包括废旧产品和新品）部分企业层面 2011 年的出口数据进行分析得出，我国香港是美国最大的废旧手机和计算机出口目的地，出口至我国大陆地区的产品中“低价值”计算机（即废旧计算机）比例也较大。在美国 2011 年废旧电子产品整体的出口目的地分布中，我国大陆和香港地区也是其中主要的出口目的地。

（四）美国向我国非法转移电子废物的情况分析

本报告通过调研，分析总结出以下5种美国向我国转移电子废物的途径：①通过香港中转，美国国际贸易委员会对美国笔记本电脑出口数据的调查结果显示，香港是美国废旧电脑出口的主要目的地，而香港本身缺少二手市场需求和处理处置能力，因此很有可能最终转到我国内地；②直接出口，美国国内组织对废旧电子产品的出口目的国家的研究结果表明，中国大陆也是美国废旧电子产品的主要出口目的地之一；③夹带在废五金等可进口的废物中，部分非法越境的电子废物混杂在废弃五金等的集装箱中，利用百分比的政策漏洞进入我国国内；④公司贸易往来，美国废旧电子产品处理加工公司会直接与其国外分公司进行贸易往来，约有21%的废旧电子产品出口公司直接将产品出口至分公司；⑤经由周边国家转移至我国，部分电子废物途经柬埔寨、越南、缅甸、蒙古、朝鲜等地，经过拆分、伪装，刻意避过检查较为严格的大型港口，将货物转移至一些小型的海关，如昆明、南宁等西南边境进入我国境内。

根据美国国际贸易委员会调查结果，美国2011年向中国大陆及香港地区出口废旧电子产品（消费类IT设备及其零部件）约13.3万t。但这些数据并不包括非法夹带、经由其他国家转移等情况，也不包括洗衣机、冰箱等家用电器，因此实际数量应远高于此调查结果。

三、总结与建议

总体而言，我国在电子废物进出口管理方面初步建立了政策法规、标准体系，对大部分电子废物禁止进口，建立了多部门协作、全过程监管的管理机制，并实现了环保、海关和质检部门信息共享，联合打击废物走私。相对而言，美国作为电子废物的主要出口国，电子废物尚无联邦立法，虽然州级立法纷纷出台，但主要是关于电子废物回收和禁止填埋的规定，较少关注进出口方面。因此，中美之间应加强合作，共同防止和打击电子废物非法进出口。

第一，进一步完善、细化我国电子废物进口管理相关政策法规、管理程序和标准体系，加强各级环境保护部门的能力建设，加大对电子废物非法越境转移联合打击力度。首先，制订二手产品和电子废物的鉴别标准，明确对二手产品的进出口规定。对于可进口的废五金类废物，应进一步制订明确的分类清单，避免电子废物混入废五金类可进口废物中。同时，应加强管理能力建设，实施严格的查验制度，增加海关执法人员配备，提高开箱查验率，提升二手电子产品与废物鉴别能力，提高打击力度。此外，与我国香港、澳门，越南等地区和国家加强信息交换机制的建设，提高电子废物进出口管理人员执法效率和效果，提升跨部门合作及国际协作能力。

第二，对非法进口的电子废物展开追踪调查，摸清其来源和去向，掌握电子废物越境转移途径，为打击美国等国家和地区向我国非法转移电子废物提供技术支持。首先，敦促我国香港方面对经香港中转的电子废物加强管理，提高对可疑二手电子产品与金属材料货运的开箱查验率，对来自美国等发达国家的进口电子产品和材料实施严格的查验。此外，继续加强我国内地与香港之间电子废物越境转移信息交流，及时掌握香港查获电子废物的信息，对电子废物流向展开追踪调查，掌握电子废物越境转移途径，为防止与控制电子废物向我国非法越境转移、提高监管能力提供支持。

第三，加强与美国在电子废物领域的双边合作，建立长期的双边合作机制，敦促美国加强电子废物进出口管理。在中美环境保护合作框架下，敦促美国尽快加入《巴塞尔公约》，并出台联邦层次的电子废物进出口管理法规，密切关注并推动美国《电子产品回收责任法》议案的进展；敦促美国建立联邦统一的电子废物回收管理规定，改善各州管理参差不齐的现状；敦促美国加大国内电子废物回收力度，扩展管理目录，提高国内回收利用能力；与美国环保局沟通协商，就中美电子废物进出口管理限制和禁止名录、类别达成一致。借鉴我国香港与美国建立的沟通机制，在我国澳门与美国之间以及中美之间建立信息通报机制。此外，在资金和技术方面，可要求美国向中国提供电子废物管理相关领域的技术援助，双方合作研究，信息共享，弥补其责任缺失造成的电子废物输出对我国环境的危害。

（李金惠、郑莉霞、刘芳；巴塞尔公约亚太区域中心）

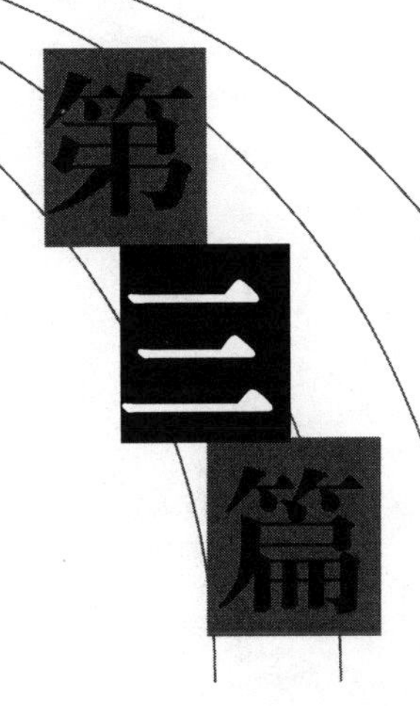

第三篇

化学品管理

第十二章
部分国家有毒化学品进出口管理制度

有毒化学品的安全管理已经成为国际社会关注的重要环境问题之一。有毒化学品涉及国民经济的各行各业，在生产、使用、废弃和处理过程中既有可能释放到环境介质中与人类接触，危害人类健康，也有可能发生安全事故，导致人员伤亡和生态环境污染。因此，加强有毒化学品的安全管理对于保护环境和人类健康至关重要。

我国既是化学品生产大国，也是化学品进出口大国。从源头控制有毒化学品，减少有毒化学品的进口，是有毒化学品安全管理的重要部分。而对有毒化学品出口进行合理控制，既是我国履约的需要，也是我国主动承担国际责任和义务的体现。

我国已经建立了有毒化学品进出口的管理制度。为进一步加强我国有毒化学品进出口管理的深度和广度，借鉴其他国家有毒化学品进出口管理经验，本研究调研了化学品管理制度较完善的欧盟和加拿大，以及与我国建立密切贸易关系且化学品管理各具特色的美国、新西兰和韩国的有毒化学品进出口管理信息，对比分析了我国有毒化学品进出口管理存在的问题，并提出相应的管理建议。

一、各国有毒化学品进出口管理现状

有毒化学品进出口管理制度总体上可分为进口管理制度和出口管理制度。通过调研各国有毒进出口管理法律法规、化学品清单、进出口程序，现将各国有毒化学品进口和出口管理制度总结如下：

（一）各国有毒化学品进口管理

中国《化学品首次进口及有毒化学品进出口管理规定》规定，外商向中国出口《中国禁止或严格限制的有毒化学品名录》所列化学品时，需提前向中国环保部申请出口环境管理登记。对应的国内进口商将根据外商申领的进口环境管理登记证、合同等其他材料向环保部申请进口放行单。环保部将主要审核申请单位情况、进口数量、使用单位是否符合有关环境保护标准和要求、列入《斯德哥尔摩公约》和《鹿特丹公约》的化学品是否符合公约的规定，并根据审批结果签发环境管理登记证和进口放行单。

欧盟《危险化学品进出口管理法规》规定欧盟外国家向欧盟出口本国已禁止或严格限制的化学品，或化学品的混合物，或含化学品的产品时必须向欧盟发送通知。除此之外，欧盟《化学品注册、评估、许可和限制法规》建立了严格的化学品进口注册和评估制度，除部分豁免物质外，欧盟境内进口超过 1 t 的所有物质（包括化学品，或其混合物，或含有化学品的产品）都需要注册。欧盟化学品管理局将评估注册物质进口后可能给人体健康与环境带来的风险。对于具有一定危险特性并引起人们高度重视的物质进口时需获得授权。若该物质投放市场或使用后带来的风险不能被充分控制，欧盟将限制或禁止其在欧盟境内的进口。

加拿大并未制订专门的有毒化学品进口管理法规和进口控制清单。其有毒化学品的进口管理基于现有化学品的评估体系和新物质进口前申报体系。通过发起化学品联邦管理计划，加拿大对 1987 年前进口的现有化学品进行有计划的风险评估，根据评估结果确定是否限制或禁止进口。对于 1987 年后进口的所有新化学品，都必须遵照《新化学品通知法规》提前向环保部申报，由环保部和卫生部鉴定是否符合加拿大规定的毒性标准，是否需要限制或禁止进口。

美国《有毒化学品控制法案》规定有毒化学品（及其混合物和产品）进口前需进行进口认证，即进口的化学品或混合物符合《有毒化学品控制法案》的“积极认证”或不属于《有毒化学品控制法案》监管范围的“消极认证”。如果认证没有完成或被认为不符合《有毒化学品控制法案》的规定，美国海关和边境保护局将稽留或拒绝货物进入。认证声明应是打印版本，且预印在发票上，或包含在入境手续中。

新西兰《危险物质和新型生物体法 1996》规定个人或企业进口危险物质前需向环保局申请进口许可，环保局将按照法规要求进行审批。审批时应综合评估该物质的管控、该物质在生命周期中可能带来的影响、缺乏该物质可能带来的影响，当评估结果显示正面影响大于负面影响时，环保局才能批准进口申请。法规中的危险物质包括有毒化学品、含化学品的产品或物品以及其他危险物品。《危险物质分类法规 2001》规定了物质的危害等级以及判别标准，环保局根据该法规评估一种物质是否属于危险物质。

韩国《化学品注册与评估法案》中危险化学品包括有毒化学品、需授权许可的化学品、限制和禁止化学品以及其他会或可能会带来风险的化学品。任何人或企业拟进口危险化学品必须按规定登记注册，提交相关信息。环境部将通过风险评估或毒性审查确定该物质是否具有风险，如果有，进口商需在该物质进口前申请环境部授权。当进口产品中危险物质总量超过 1 t，进口前也需由环境部进行风险评估，确定产品应满足的安全和标签要求。

（二）各国有毒化学品出口管理

中国《化学品首次进口及有毒化学品进出口管理规定》规定《中国禁止或严格限制的有毒化学品名录》所列化学品出口时需向环保部申请出口环境管理登记，环保部审批后签发出口放行通知单。拟出口《鹿特丹公约》所列化学品必须满足事先知情同意程序，征得进口国“明确同意”。

欧盟《危险化学品进出口管理法规》规定了危险化学品（及其混合物和产品）出口的三种要求：禁止出口、出口通知程序、事先知情同意程序。法规附件详细列出了三种要求对应的化学品。出口通知程序要求化学品在出口前须向进口国发送出口通知，但无须进口国回复；事先知情同意程序要求化学品出口前不仅须向进口国发送出口通知，还需获得进口国“明确同意”回复后才能出口。

加拿大制订了专门的《出口控制化学品清单》和针对该清单的出口法规。法规中同样明确列出了禁止出口要求、出口通知程序和事先知情同意程序，出口通知程序和事先知情同意程序的要求与欧盟相同。

美国《有毒化学品控制法案》规定有毒化学品出口须满足出口通知程序，即出口《出口通知管辖下的化学品清单》所列化学品时需提前通知环保局，环保局收到通知后在规定时间内将该化学品相关的信息、美国对该化学品采取的管理行动等信息发送给进口国。对于事先知情同意程序，美国法律并未明确规定，但部分化学品出口时将根据进口国的要求满足事先知情同意程序。

新西兰根据《蒙特利尔议定书》建立了臭氧层消耗物质的出口许可体系。即拟出口的个人或企业需获得环境保护局的许可，才能大量出口臭氧层消耗物质。但新西兰并不大量生产臭氧层消耗物质，因此没有大量出口的需求。部分其他化学品出口时根据进口国的要求满足事先知情同意程序。

韩国《化学品注册与评估法规》规定用于出口的化学品或产品可豁免该法规下的登记注册。部分化学品出口时根据进口国的要求满足事先知情同意程序。

附表 3-1 列出了各国有毒化学品进出口管理的基本信息。

二、我国有毒化学品进出口管理问题

1. 缺乏更具有针对性、更严格的进口管理要求

目前，我国有毒化学品进出口管理基于《中国禁止或严格限制的有毒化学品名录》和《化学品首次进口及有毒化学品进出口环境管理规定》。进口和出口的化学品清单为同一份清单；进口审批和出口审批内容相似，即进口/出口基本信息（进口/出口数量）、是否满足相应公约要求、国内相关企业（包括相关的进口、出口和使用企业）是否满足相应的环境规定。

而其他国家对于进口和出口管理的严格程度存在差异。欧盟、加拿大、美国、新西兰和韩国将进口与出口分开管理，并制订了覆盖面广、突出风险评估的进口管理制度。以欧盟和新西兰为例，欧盟制订了专门的化学品清单以及相应的法规用于有毒化学品出口管理，但进口管理却基于系统的化学品进口登记和风险评估体系。通过风险评估筛选出给环境和人体健康带来风险的物质，并规定只有进口化学品的风险可控时才允许进口。新西兰

所有危险物质只要未曾得到环保局的批准，进口前都应申请进口许可，环保局通过评估物质各项性能、可能对环境造成的影响、可能的用途、最终处置方法等综合评估鉴定物质的负面影响，确定是否允许进口。通过对比可以发现，目前，我国有毒化学品进出口管理制度差异小，且缺乏针对不同化学品的、更注重风险评估的进口管理要求。

2. 大量现有化学品中潜在有毒化学品的进口尚未纳入有毒化学品进出口管理体系

对比各国有毒化学品进口管理制度可发现，中国有毒化学品进口管理只覆盖《中国禁止或严格限制的有毒化学品名录》所列化学品，缺乏对现有化学品中潜在有毒化学品的进口管制。部分国家如欧盟、加拿大、新西兰虽无明确的进口管理法规和物质清单，但已建立完善的现有化学品和新化学品进口管理体系，可最大限度地识别并控制有毒化学品的进口。我国已经建立新化学品的管理系统，并着手展开新化学品的风险评估，但未列入《中国禁止或严格限制的有毒化学品名录》（共 162 种）的现有化学品仍可能威胁环境和人体健康。因此，我国尚缺乏完善的现有化学品风险评估体系。

3. 暂未制订含有毒化学品产品的管理政策和进出口要求

在生产和使用的大量产品中都含有化学品，其中不乏有毒化学品。这些产品在使用、废弃、处置过程中极有可能释放出有毒化学品，危害人类健康。因此，加强产品中有毒化学品的进口管理对于保护环境和人类健康至关重要。欧盟、美国、新西兰将含有毒化学品的产品纳入了有毒化学品或危险物质的进出口管理框架：欧盟《危险进出口管理法规》和美国《有毒化学品控制法案》明确规定进口或出口管理规定不仅适用于管辖范围内的有毒化学品，还适用于这些化学品的混合物和含这些化学品的产品或物品。新西兰《危险物质和新型生物体法 1996》管理的危险物质包括有毒化学品、含化学品的产品或物品、其他危险物品，办公用品、农业用品、化妆品、家庭用品等都在管辖范围内。

目前我国有毒化学品进口管理制度只包括《中国禁止或严格限制的有毒化学品名录》所列化学品，对于含有毒化学品的产品缺乏系统的进口管理要求。

三、我国有毒化学品进出口管理建议

第一，制订更具有针对性、更严格的进口管理要求和相应的化学品清单。我国应加强有毒化学品进口和出口的区别化管理，综合评估有毒化学品的毒性级别、对环境和人体健康的风险、在我国生产使用的实际需要、被替代的可能性、被限制后的经济社会影响以及国际公约的要求等制订更具有针对性的、严格程度不同的进口管理要求，以及配套的化学品清单。

第二，完善现有化学品风险评估体系，加强《中国禁止或严格限制的有毒化学品名录》范围外国家现有化学品的进口管理。我国可以发起现有化学品的管理计划，建立完善的现有化学品风险评估体系，有计划地筛选出需要优先关注的化学品并由有关部门进行评估。评估应主要考虑这些化学品可能对环境和人类健康产生的风险以及限制进口将带来的经济和社会影响等。当评估结果显示化学品进口的负面影响大于正面影响，或化学品进口后带来的风险不能得到有效控制时，此类化学品的进口应被限制或禁止。

第三，加强对含有毒化学品产品的进口管理，制订相应管理法规。我国应制订与有毒化学品进出口管理制度和管理名录配套的法律法规，对含有毒化学品产品的进口进行规定，如企业进口产品中含有毒化学品超过一定量时，需到有关部门进行进口环境管理登记。此外，筛选出含某种重点有毒化学品的消费品清单，并根据国家对各类产品的实际需求量设定进口量、规定使用条件和用途等豁免条件。

附件

表 3-1　各国有毒化学品进出口管理基本信息

管理现状	中国	欧盟	加拿大	美国	新西兰	韩国
管理法规	进出口法规：《化学品首次进口及有毒化学品进出口环境管理规定》	进出口法规：《危险化学品进出口管理法规》 进口相关法规：《化学品注册、评估、许可和限制法规》	出口法规：《关于出口控制清单的出口法规》 其他相关法规：《禁止特定有毒物质法规 2012》《新物质通知法规》	进出口法规：《有毒化学品控制法案》	进出口法规：《危险物质和新型生物体法 1996》	进口相关法规：《化学品注册与评估法案》（K-REACH）
物质清单	《中国严格限制进出口的有毒化学品名录》	法规附件 I 和 V（化学品的混合物及含化学品的产品或物品也包含在内）	《出口控制物质清单》	《出口通知管辖下的化学品清单》（化学品的混合物和含化学品的物品也包含在内）	法规附件 2A（持久性有机污染物）；其他符合法规标准的化学品和物品也包含在内	《有毒化学品清单》；指定注册现有物质清单
管理机构	中国环保部	欧盟化学品管理局和欧盟各国指定国家主管部门	加拿大环境部	美国环保局	新西兰环保局	韩国环境部
进口管理	有毒化学品进口环境管理登记，申请有毒化学品进口环境管理放行单	进口通知程序：欧盟外国家出口本国限制或禁止的有毒化学品时需提前通知； 进口登记注册：现有物质和新物质经有毒评估和风险评估后若确定具有危险性，需获得进口授权	部分有毒物质禁止进口； 新物质进口时需通报环境部，由环境部评估其风险，并决定是否允许、限制或禁止进口	进口认证程序：进口前须向环保局申报，获得“积极认证”和“消极认证”	进口审批：只要未曾获得环保局批准的危险物质，进口前都需向环保局申请，由环保局进行评估，决定是否批准进口	进口登记注册：现有物质和新物质经过有毒评估和风险评估后若具有危险性，需获得授权才可以进口
出口管理	进行有毒化学品出口环境管理登记，申请出口环境管理放行单；部分化学品需满足事先知情同意程序	出口通知程序：出口前向进口国发送出口通知； 事先知情同意程序：出口前须获得进口国“明确同意”	出口通知程序：无须获得进口国同意； 事先知情同意程序：须获得进口国“明确同意”	出口通知程序：出口前应通知环保局，环保局向进口国发送化学品相关信息	出口审批：针对臭氧层消耗物质	以出口为目的的进口的化学品或产品可豁免 K-REACH 登记

（李金惠、陈源、李诗特，巴塞尔公约亚太区域中心）

第十三章

内分泌干扰化学品科学现状

近年来，对长期存在却一直不为公众所关注的污染物质——内分泌干扰化学品（Endocrine disrupting chemicals，EDCs）的研究与日俱增，成为当前环境科学研究领域中的热点问题。ICCM 也于 2012 年 9 月在其第三次会议上将 EDCs 视为新兴问题。EDCs 应用广泛，如杀虫剂、不同产品中的阻燃剂、塑料添加剂和化妆品，因此 EDCs 可能会从产品中释放到环境中，即使数量极少，也会干扰人类或动物内分泌系统诸环节并导致异常现象，是一种外源性干扰内分泌系统的化学物质。越来越多的证据显示 EDCs 可干扰正常激素调节的生理过程。

本章通过 EDCs 相关调查、研究，对目前 EDCs 的基础信息、影响危害及我国 EDCs 管理问题进行分析，对未来的研究方向和内容有一定的提示作用，也可对国家相关环境保护及控制措施的制订提供参考。

一、内分泌干扰化学品的定义和来源

内分泌干扰化学品也称环境激素（environmental hormones），是一种外源性干扰内分泌系统的化学物质，存在于环境中且能干扰人类或动物内分泌系统各环节并导致异常效应的物质。它们通过摄入、积累等各种非直接途径给生物体带来异常影响，即使极低的浓度也可能引起生殖能力下降、行为异常、幼体死亡，甚至灭绝。EDCs 种类繁多、毒性持久、危害潜伏期长，直接威胁人类和其他生物的健康。

EDCs 的来源可分为天然和人工合成化学品两大类。天然激素主要有天然雌激素、植物性雌激素和真菌性雌激素等。人工合成化学品主要有药物活性成分、农药（包括杀虫剂，杀菌剂、除草剂）、环境中某些氯代芳烃或氯代环烃、去污剂或洗涤剂中的表面活性剂、某些金属如铅、汞、有机锡等、食品添加剂等。

其中一些 EDCs 大量存在于上述材料、产品、物品和商品中，还有一些是垃圾焚烧、汽车尾气、烹饪油烟、化工生产过程等的副产品。

二、内分泌干扰化学品的暴露

EDCs扩散至环境中，可伴随空气和水远距离迁徙；部分EDCs还可通过生物放大，即通过食物链影响人类和顶端捕食者。

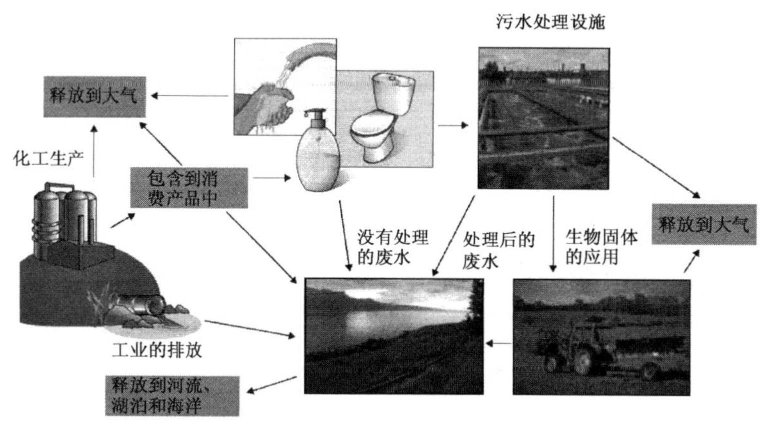

图3-1　EDCs通过点源和扩散进入到环境

（图片来源：Bergman A, Heindel J J, Jobling S, et al. State of the Science of Endocrine Disrupting Chemicals 2012: Summary for decision-makes[R]. 2013.）

动物和人类接触EDCs有几种不同的方式。动物通过空气、水、土壤、底泥和食品接触EDCs。人类往往是通过食物摄取、水、灰尘、气体吸入和空气中的颗粒物接触EDCs。EDCs还可通过胎盘和母乳传给后代。多种途径EDCs暴露意味着人类和动物受EDCs污染的复杂性。此外，动物研究表明，EDCs暴露可产生叠加效应。体内EDCs的浓度和使用有很大的关系，所以当禁止和减少使用化学品时，人类和动物受污染的程度也会相应降低。

三、内分泌干扰化学品和人类健康

EDCs可通过消化道、呼吸道、皮肤接触等途径进入人体。对于EDCs暴露和人类疾病，采用人类和动物的数据进行研究十分重要，然而因为在生命周期中暴露和病理学的复杂性，还很难确定某种疾病或功能失调确实是由某种EDCs暴露引起的。图3-2是在医学研究和动物模型中，因EDCs暴露而引起的疾病。

生殖系统/内分泌	心肺系统
• 乳腺癌/前列腺癌 • 子宫内膜异位 • 不孕不育 • 糖尿病/代谢综合征 • 性早熟 • 肥胖	• 哮喘 • 心脏疾病/高血压 • 中风
免疫系统/自身免疫	**大脑/神经系统**
• 对传染病的敏感性 • 自身免疫疾病	• 老年痴呆症 • 帕金森疾病 • ADHD/学习障碍

（图片来源：Bergman A, Heindel J J, Jobling S, et al. State of the Science of Endocrine Disrupting Chemicals 2012: Summary for decision-makers[R]. 2013.）

图 3-2 EDCs 暴露引起的疾病（医学研究和动物模型）

动物实验和细胞培养实验显示：许多化学品可对哺乳动物内分泌系统的发育和功能产生干扰。对于成人来说，EDCs 暴露与肥胖、心血管疾病、生殖系统疾病、癌症、神经系统疾病、免疫系统疾病、糖尿病和代谢综合征有密切关系。

EDCs 对于儿童的影响也不容乐观，如一些 EDCs 可以干扰人类和动物的甲状腺系统，由于正常的甲状腺对于大脑发育（尤其在孕期及发育期）发挥着重要作用，因此 EDCs 暴露与神经行为失调，包括阅读障碍、智力迟钝、多动症、自闭症等密切相关。

根据估计，至少有 24%的人类疾病和失调是由于环境因素引起的。准确掌握 EDCs 对健康的具体影响，可以极大地改善人体健康。由内分泌失调引发的这些疾病，都将引导人们重视 EDCs 的研究。

四、内分泌干扰化学品和野生生物健康

目前，全球野生生物的内分泌系统均受 EDCs 影响。有研究表明，20 世纪 70—80 年代，在波罗的海地区，雌性海豹的生育缺陷发病率高，这与多氯联苯（PCBs）污染有关。此外，由于环境中 POPs 浓度高，导致灰海豹的甲状腺和骨骼异常。荷兰和比利时的燕鸥，POPs 含量高的蛋孵化时间更长，而且雏鸡体型较小。在其他地区，尤其在英国，水中污染物含有的雌激素和抗雄激素极大地干扰鱼类：雄鱼体内出现雌鱼蛋黄蛋白、睾丸内出现卵子的现象增加。船体的涂料防污剂三丁基锡可干扰软体动物的性发育。EDCs 不仅可以干扰动物健康，还可影响动物群数量，20 世纪 70 年代，由于化学品污染，使得牡蛎数量锐减。

五、内分泌干扰化学品的检测与分析方法

由于极少量的EDCs便可以对生物体造成危害，因此需要采用高灵敏性和特异性的分析方法来检测环境介质中EDCs的含量，才能准确把握内分泌干扰物质对生物体的危害。EDCs的分析检测一般包括样品预处理和样品检测两个过程。样品预处理有提取、净化、浓缩和衍生化等步骤，可以起到富集痕量组分、消除基体干扰、提高方法灵敏度的作用。分析方法有气相色谱法（GC）和气相色谱-质谱法（GC-MS）；液相色谱法（LC）和液相色谱-质谱法（LC-MS）；光谱法和电感耦合等离子体-质谱法（ICP-MS）；酶联免疫吸附测定法；毛细管电泳技术等。随着现代科学技术的进步，其他新的分析仪器和方法也在逐步研发中。

六、我国内分泌干扰化学品污染研究控制中的问题

1．研究不足，情况不明

EDCs污染问题近期才逐渐得到关注，基础研究较薄弱，识别和鉴定存在一定困难，EDCs的确定存在很大争议；很多EDCs的具体作用机制仍不明确，各种EDCs的浓度限值等参数仍需进一步研究。国内的EDCs研究正处于起步阶段，数据基础有限。现有监测数据仅涉及渤海、长江、珠江、福建、北京等部分地区，且限于个别环境介质中以往被作为有毒物质关注的几类物质，如PCBs、五氯酚、重金属等，许多EDCs的污染情况尚有待调查。

2．来源广泛，总量增加

EDCs的来源十分广泛。垃圾焚烧、汽车尾气、烹饪油烟、化工生产过程等均可产生EDCs；农药、化肥的大量使用，有机废水的排放，自来水厂加氯消毒的副产物，工业固体废弃物的随意堆放等因素导致EDCs释放到环境中。这些EDCs在大气、水体、土壤中交互传递，分布广泛。目前，大部分EDCs类物质仍被广泛地生产应用，总量持续增加。被列入EDCs的农药有50余种，我国仅禁止其中的少数品种生产，其余仍在生产使用中。

3．政策缺乏，难以控制

我国对此EDCs污染造成的环境问题尚缺乏有利的解决措施。EDCs的生产、消费缺乏系统的管理。此外，民众对EDCs的认知有限，不具备自我保护意识和能力。使得从上而下的政府强制性管理和从下而上的自发性控制都无法有效地开展。同时，我国经济发展的阶段性对EDCs污染的控制造成了一定的限制，部分有害物质的生产仍有必要持续一段时间。

七、我国内分泌干扰化学品污染研究控制建议

第一，增加研究投入，广泛开展调查。重视 EDCs 污染，结合目前国内外研究成果，增加研究资金及人力投入，积极开展深入研究，掌握其确切危害、作用机制和浓度限值，对 EDCs 进行准确的识别，建立合理的 EDCs 清单；亟须对国内的 EDCs 污染现状进行详细的调查，开展环境风险评价为有效控制和治理 EDCs 污染提供必要的理论依据；进行 EDCs 治理研究，发展控制技术和治理方案。

第二，禁止使用，截断污染来源。禁止使用有毒和具有迁徙性的化学品，如船舶外壳禁止使用三丁基锡，由于三丁基锡的使用逐渐下降，相应的浓度降低，所以 EDCs 对野生动物的影响也逐渐减少。此外，欧美很多国家已对 EDCs 产品及相关行业设置严格的环境安全把关。我国工农业及医药等各个行业应积极地从自身角度配合污染防治，减少含有 EDCs 的生产和“三废”的排放。认识到含有 EDCs 商品的市场正在急速缩减，应积极地开发安全的、无 EDCs 的产品。

第三，立法防治 EDCs，增强全民意识。应积极地制订法律法规，严格控制和管理 EDCs 的生产和污染排放；把好进出口关卡，防止外源 EDCs 的流入。同时，应广泛地开展知识普及，增加群众自我保护意识教育，促进群众自发地参与环境保护。

（李金惠、陈源、肖文静；巴塞尔公约亚太区域中心）

第十四章

我国含多溴二苯醚电子电气产品初步清单及相关政策法规研究

多溴二苯醚（PBDEs）因其优越的阻燃效果被广泛用于电子电气产品中的塑料部件，但电子电气产品原料来源不一，零部件较多，生产过程复杂，亟须摸清电子电气产品中PBDEs的添加情况，为电子电气产品管理提供理论依据，切实减少电子电气产品引发的持久性有机污染物排放，保护生态环境。

针对电子产品中化学品种类和含量不明，相关法规政策不健全，本章通过我国含PBDEs 电子电气产品类别的初步清单研究，重点剖析计算机中 PBDEs、内分泌干扰物、铅、汞、镉等的分布信息，以及研究主要电子产品中 PBDEs 的相关管理政策，为建立、健全我国含 PBDE 的电子产品管理相关政策法规提供数据基础和信息支撑。

一、我国含多溴二苯醚电子电气产品的初步清单

（一）我国多溴二苯醚生产和使用情况

我国历史上未曾生产过八溴联苯醚，且五溴联苯醚于 2003 年之前已全部停产。我国曾经有 15 家企业生产十溴二苯醚，分别为：山东天一化学股份有限公司、山东寿光卫东化工有限公司、潍坊中以溴化物有限公司、山东海王化工股份有限公司、潍坊玉成化工有限公司、山东大地盐化有限公司、山东青州市安达化工有限公司、山东青岛红旗化工厂、山东青岛磷肥厂、山东省昌邑国防大学校办化工厂、浙江富阳市向新化工有限公司、江苏省常熟市阻燃化工有限公司、江苏省常熟市晶华化工有限公司、江苏省江阴市苏利精细化工有限公司和河北南堡盐场。

目前，多数工厂已被拆除改建或转产，仍在生产 PBDEs 的工厂仅有 3 个，分别是山东天一化学股份有限公司、山东海王化工股份有限公司和山东寿光卫东化工有限公司。

表 3-2　生产厂家产能

生产厂家	产能/（t/年）
山东天一化学有限公司	5 000
山东海王化工股份有限公司	3 000
山东卫东化工	6 000
合　计	14 000

商用 PBDEs 主要用于以下几个方面：①电器和电子设备：计算机、家用电子产品、办公设备、家用电器和其他载有印刷电路板的器件、塑料外壳和内装塑料部件，比如装有硬质聚氨酯高弹体仪器外壳的小型运行组件。②交通运输：汽车、火车、飞机和轮船使用的纺织和塑料内装饰材料和电器组件。③建筑材料：泡沫填充料、绝缘板、泡沫保温材料、管材、壁板和地板、塑料复膜合成树脂等。④家具：装饰家具、家具罩、床垫、柔性泡沫制品。⑤包装：以聚氨酯泡沫为基质的各种包装材料。⑥纺织品：窗帘、地毯、地毯下面的泡沫垫层、帐篷、防水帆布、工作服和防护服等。

（二）我国十溴联苯醚阻燃塑料生产行业概况

国内阻燃塑料生产企业主要分布在广东、江苏、浙江、上海等省份和地区。我国主要生产和使用的阻燃塑料有 ABS、HIPS、PE、PP、PBT、PA、PC、PC/ABS、ABS/PBT、[①]环氧树脂或酚醛树脂等单种塑料和塑料合金。阻燃塑料的应用产品主要集中在电子电气产品、汽车产品。我国规模以上（产能 2 万 t/年）改性塑料生产企业的阻燃塑料生产初步清单见表 3-3。

表 3-3　我国十溴联苯醚阻燃塑料生产及用途初步清单（规模以上企业）

序号	企业名称	主要阻燃塑料类型	产能/（万 t/年）	主要用途
1	广东金发科技股份有限公司	PP、ABS、HIPS、PBT 和尼龙	20	电暖器、家电外壳、电路阻断器，熔丝盒，线圈骨架，插头及电路连接器
2	上海杰事杰新材料股份有限公司	PP、ABS 和尼龙	3	空调系统，电视机外壳，电风扇壳体，电热水壶底座，音响壳体，微波炉，显示器外壳，打印机、复印机外壳，碎纸机外壳，插线板
3	北京聚菱燕塑料有限公司	PP	2	汽车专用
4	常州塑金高分子科技有限公司	PP	0.2	家电专用料系列
5	温州俊尔高聚物有限公司	PA6、PA66、PC、PC/ABS、PET、PBT	0.5	墙壁开关等建筑电器，电子元器件、电器部件、汽车零部件等

① ABS：丙烯腈-丁二烯-苯乙烯共聚物；HIPS：高抗冲聚苯乙烯；PE：聚乙烯；PP：聚丙烯；PBT：聚对苯二甲酸丁二醇酯；PA：聚酰胺；PC：聚碳酸酯。

序号	企业名称	主要阻燃塑料类型	产能/（万t/年）	主要用途
6	天津美亚化工有限公司	PS、PP	1	家电专用料、改性聚丙烯汽车专用料
7	山东龙口道恩集团	PET、PA、PPS、PPO、POM、PBT	1.5	汽车、家电、军工、电子
8	哈尔滨鑫达国际集团	PP、ABS、PA6、PA66	2	汽车、电子、电器、通讯
9	广东聚赛龙工程塑料有限公司	PP、HIPS、ABS、PC、PBT、PA6	0.8	电器插件；电视机外壳、显示器外壳、办公用品外壳；户外用品；灯具、绕线架、电器配件等，开关组、接插件、线轴、端子等
10	深圳市广聚泰塑料实业有限公司	PP、ABS、HIPS	1	电子电气产品外壳、音箱等
11	上海日之升新技术发展有限公司	PP、PA、PBT、PET、ABS	1	电子电气产品外壳，电器配件，开关组、接插件、线轴、端子等
12	广东新会美达锦纶股份有限公司	锦纶6切片（注塑级）	4	电子、电器、机械、玩具、汽车等行业的相应制作
13	南京聚隆工程塑料有限公司	TPV、PA、PC、PP	0.5	汽车、电子电器、铁路、家电、通讯、纺织
14	江阴济化新材料有限公司	PBT、ABS、PP	0.5	电动马达组件，电容器外壳，负载断路开关，电子设备风叶，端子板，继电器，自动电路阻断器，熔丝盒，插头及电路连接器；电子接插件，线圈骨架，电器外壳
15	上海普利特复合材料有限公司	ABS、PC/ABS合金、改性PP	0.2	用于生产门板、仪表板、座椅系统附件、饰柱、发动机周边设备等汽车零部件
16	上海同发塑料有限公司	ABS增强阻燃系列、PBT增强阻燃	0.5	电池外壳、手机充电器外壳，复印机外壳、打印机、家用电器
17	佛山市南海宝利玛工程塑料有限公司	PP、ABS、PA6、PA66、PBT、PET	0.2	彩电偏转骨架、小家电外壳、电视机后盖、电器壳体，电器、电子元件、风叶，电器配件、电器开关、汽车零件
18	中山赛特工程塑料有限公司	ABS、PA、PP、PC、PBT、HIPS	0.7	电工电气，电子元器件

（三）含多溴二苯醚电子电气产品的初步清单

含PBDEs阻燃剂塑料应用领域主要是电子电气产品外壳，如电视机、计算机、冰箱等电器的塑料外壳；印刷电路板也是电子电气产品中使用PBDEs最多的部件，如CRT显示器和计算机主机中的印刷电路板等。此外，电线电缆、电连接器、电器配件、开关组、接插件、线轴、端子电路连接器、线圈骨架等，这些需要直接接触电流的组件也是阻燃剂的应用领域。

PBDEs添加到塑料中所占的比重为5%～30%。根据文献调研：PBDEs最常在电子电气产品外壳，如电视机、计算机、冰箱等电器的塑料外壳，以及印刷电路板中检出，PBDEs

在电子电气产品中的含量可高达16%，这一含量也符合PBDEs添加到塑料中的数值区间。

表3-4　含PBDEs电子电气产品类别清单

电子电气产品	可能含PBDEs部件				
电视	外壳	CRT外壳	内部元器件*		
空调	外壳	CRT外壳	离心风叶	轴流	内部元器件
洗衣机	外壳	CRT外壳	内部元器件	内部元器件	
冰箱	CRT外壳	贮槽内衬	衬里	内部元器件	
计算机	显示器外壳 笔记本外壳	CRT的外壳	键盘	内部元器件	
手机	CRT外壳	充电器外壳			
复印打印机**	外壳				
碎纸机	外壳				
音响	壳体				
微波炉	外壳				
电热水壶	底座				
咖啡机	外壳				
食品粉碎机	外壳				
电风扇	壳体				

注：*是指直接接触电流的组件，如电容器外壳、负载断路开关、端子板、继电器、自动电路阻断器、熔丝盒、电路连接器、调谐器、变压器壳体、电子插接件、电线等。

**是指打印机、复印机、一体机等。

（四）计算机中有毒有害化学品的使用情况

计算机中溴代阻燃剂类化学品主要集中在外壳、印刷电路板和键盘等使用塑料作为主要材料的部件中。重金属则主要存在于印刷电路板、驱动装置和阴极射线管显示器中。

计算机外壳中的化学品主要为含溴阻燃剂，如PBDEs和四溴双酚A（TBBPA），还有可能含有磷酸三苯脂（TPP）；阴极射线管显示器和液晶显示器中含有铅；印刷电路板中含有大量的重金属如铅、铜、镉、锡以及PBDEs；台式机驱动器中含有铜和铅；笔记本电脑电池中钴的含量最高；笔记本电脑的冷阴极荧光灯管中主要的重金属是汞；键盘中含有PBDEs和TBBPA。

二、含多溴二苯醚电子电气产品的相关政策法规研究

（一）中国含多溴二苯醚电子电气产品的相关政策法规

近年来我国电子废物产生量迅速增长，部分地区电子废物处理不规范，针对可能由电

子废物的问题引发的 PBDEs 污染问题，我国相继出台了多项法律法规、部门规章及标准规范，见表 3-5。

表 3-5 中国含 PBDEs 电子电气产品的法规

序号	类别	名称	颁布机构
1	法律	《中华人民共和国环境保护法》（2015）	全国人民代表大会
2	部门规章	《关于加强废弃电子电气设备环境管理的公告》（2003）	国家环保总局
3		《电子信息产品污染控制管理办法》（2006）	信息产业部、国家发展改革委、商务部、海关总署、国家工商行政管理总局、国家质量监督检验检疫总局、国家环保总局
4		《废弃家用电器与电子产品污染防治技术政策》（2006）	国家环境保护总局
5		《关于进一步加强重点企业清洁生产审核工作的通知》（2003）	国家环境保护总局
6	规范、指南及标准	《电子信息产品中有毒有害物质的限量要求》（SJ/T 11363—2006）	信息产业部
7		《废弃电子电气产品处理污染控制技术规范》（HJ 527—2010）	环境保护部
8		《电子电气产品中限用物质的限量要求》（GB/T 26572—2011）	国家质量监督检验检疫总局和中国国家标准化管理委员会

（二）国外含多溴二苯醚电子电气产品的主要法规

表 3-6 国外含 PBDEs 电子电气产品主要法规

序号	国家	名称	主要内容
1	国际公约	《保护东北大西洋海洋环境行动计划》	1992 年，PBDEs 纳入《保护东北大西洋海洋环境行动计划》优先考虑污染物
2		鹿特丹公约	2003 年，《鹿特丹公约》将五溴联苯醚列为受管制化学品
3		斯德哥尔摩公约	2009 年，商用五溴和八溴联苯醚纳入斯德哥尔摩持久性有机污染物清单
4	欧盟	《关于在电子电气设备中禁止使用某些有害物质指令》（RoHS Directive 2002/95/EC）（ROHS 指令）	RoHS 指令限制 PBDEs 在电子电气设备中的含量不能超过 0.1%
5		《关于化学品注册、评估、许可和限制制度》（REACH 法规）	对十溴二苯醚进行风险评估

序号	国家	名称	主要内容
6	欧盟	《废弃电子电气设备指令》(WEEE 指令)	规定含有溴系阻燃剂的塑料必须同其他废旧设备分离
7		《关于销售和使用危险物质指令》	自 2004 年 8 月 15 日起，欧盟市场全面禁止使用五溴联苯醚和八溴联苯醚
8	美国	《电气设备环境设计法案》(EDEE 法案，H.R. 2420 议案)	2010 年 7 月 1 日以后生产的电子电气产品和设备中铅、汞、六价铬、镉和多溴联苯(PBB)、多溴二苯醚(PBDE)六种有害化学物质含量不能超过 0.1%
9	日本	《电子电气产品特定化学物质标识标准》	个人计算机、空调、电视机、电冰箱、洗衣机、微波炉和烘干机；其中多溴二苯醚的最高浓度限值规定为 0.1%

三、国内含多溴二苯醚电子电气产品相关政策法规中存在的问题

在含 PBDEs 电子电气产品管理方面，我国建立了法规体系，也颁布了一些专项法规，在电子废物的管理体系以及回收处理方面已经取得较大进步，但与其他发达国家相比，我国含 PBDEs 电子电气产品管理也存在一些问题。

1. PBDEs 相关研究基础薄弱

目前，中国缺乏系统的关于 PBDEs 的毒理学研究、人类健康风险、产品中 PBDEs 释放、环境影响研究。相比之下，欧盟、美国、日本等已经完成了十溴二苯醚等其他 PBDEs 的风险评估工作。PBDEs 的毒理学、风险评估等研究将为公众和产业界提供参考。系统科学的研究将为决策制订、立法等工作提供有效支撑。

2. 我国 PBDEs 相关立法层级较低

纵观发达国家的相关法规，比如欧盟的 REACH，采取“国家立法”取代现行的“分散立法”，建立统一的国家层面上的体系已成为国际化学品安全管理的发展趋势。与此相比，我国对 PBDEs 有针对性管理的法律文本多集中在行政法规和部门规章级别，立法的效力层级较低，缺乏国家层次上的系统化的立法管理和规范。

3. 暂未实行预防性的立法理念

国际社会所推崇的是确立以预防性原则为基础的立法理念，因为一种化学物质在被投放市场之后，对其采用施加限制措施或者其他管理措施以减少或控制潜在风险的难度会大大提升。而我国现行的管理理念是在危害问题出现之后进行解决，相比预防性原则的提前控制，对于生态环境和人类健康的负面影响更加严重且难以消除。

4. 相关法规内容缺乏技术要素

欧美法规规定都较为详细，且对建议限制和消除产品中 PBDEs 的使用，几乎都设定了截止日期。而我国现行的电子产品中 PBDEs 管理法规缺乏足够的技术要素，指导性条

文较多，技术性条文较少，仍是以硬性的规范性法律为主，而无具体性的规定，可操作性较差。

5. PBDEs 管理概念只侧重职业安全

国外化学品，包括 PBDEs 的安全管理已逐渐拓展到人体健康和环境保护领域。在我国，由于在化学品的生产、加工和运输过程中其燃烧、爆炸、腐蚀、急性毒性被首先认识，因此对 PBDEs 安全管理的概念和实践长期停留在职业安全管理的范畴内，目前注重的是危险化学品的燃烧、爆炸和中毒等急性职业安全问题，其中绝大多数危害类别与环境问题和公共卫生无显著关联。

6. 尚未建立 PBDEs 全生命周期管理

分析国际现行的化学品环境管理体系，是按照从生产到废弃的环境管理生命周期过程，其管理的基本制度可归纳为：新化学品评估审查登记制度、现有化学品风险评价与优先管理制度、污染物排放、转移登记制度、有毒化学污染物环境标准与监测制度、有毒化学品事故防范与应急预案制度和有害化学品废物环境管理制度。发达国家通过优先有毒污染物筛选，逐步建立了有毒化学污染物的环境标准体系与监测制度，包括开展专门监测并发布监测报告。

与其他国家相比，我国由于始终关注传统或者“三废型”环境污染，对有毒化学品污染尚未进行系统监测。目前我国尚未建立有害化学品环境污染排放统计和控制制度，也暂缺现有化学品的风险评价与优先管理制度。

7. 公众意识较低

社会公众对于化学品危害和风险信息缺少清晰和明确的认识，会严重制约化学品安全管理的顺利实现。欧盟 REACH 等法规的一大特色即是促进利益相关者的广泛参与，与 REACH 等法规出台透明化、公众化的过程相比，我国相关法规的出台仍旧停留在专家立法的阶段，整个立法过程缺乏利益相关者、学界专家和社会公众的有效参与。

四、我国旧电子产品鉴别及管理建议

第一，完善我国电子电气产品中 PBDEs 的管理法规体系。加强宏观管理与监控完善的管理法律，明确管理和监管部门及其责任和义务；从宪法、资源综合利用基本法、专门法规等层面，建立和完善相互配套、相互补充、整体协调的法规体系，可以做到有法可依，执法必严。建立电子产品中 PBDEs 环境及安全管理的整体行政协调机制，电子产品中 PBDEs 涉及产业经济、卫生、质检、劳动保护、环保、交通、海关等广泛的管理部门，且 PBDEs 的环境问题可能产生于生命周期的各个环节，因此需建立环境及安全管理整体协调机制，成为实现有效实施环境管理的重要保证。

第二，建立含 PBDEs 电子电气产品设立标识制度。采取源头管理，借鉴全球化学品统一分类和标签制度，对使用 PBDEs 的产品实行标签标识，即标明含有 PBDEs 的部位及含量。可提高信息的可获得性、一致性和可理解性，保证消费者和处理者对 PBDEs 危险等的“知情权”。通过标签协调一致，简单明了的标识，从而减少与 PBDEs 有害接触和降低相关风险，保证安全搬运、使用、操作，提高消费者和处理者的安全，使其更好地意识到 PBDEs 的危险，从而在工作场所和家庭更为安全地使用电子产品提供参考信息。

第三，提高公众意识。利用现代传媒手段和途径，进一步加强 PBDEs 的信息公开和公众参与力度。鼓励制造商和下游使用者加入到产品管理活动中，尤其是控制生产、使用、报废阶段的 PBDEs 释放。鼓励社会公众和非政府组织开展自愿活动和参与政府的决策和计划，这些既能够通过利益相关者的广泛参与确保化学品管理方案更加合理和透明，形成社会监督机制，又能够有效减少对政府部门的不信任感和政策执行中出现的摩擦。

（李金惠、陈源、肖文静；巴塞尔公约亚太区域中心）

第十五章

我国电器电子产品中有害物质的使用现状和管理建议

据报道，智能手机、电视、平板电脑和计算机等电器电子产品仍使用聚氯乙烯（PVC）或添加溴化阻燃剂（BFR）、邻苯二酸酯类增塑剂、重金属类等有害化学物质的塑料材料，以实现阻燃、增韧、防水等功能。电器电子产品废弃后被回收处理，回收处理过程中若不采取严格的污染防控措施，其中的有毒有害化学物质将释放到周围环境中，并对环境安全和人体健康造成威胁。本章主要阐述我国电器电子产品中主要有害物质的使用情况及其对环境安全与人体健康的潜在危害，并基于管理现状提出相应的管理建议。

一、电器电子产品中有害化学物质的种类

电器电子产品中含有多种有害物质，主要包括重金属如铅（Pb）、汞（Hg）、镉（Cd）、六价铬（Cr^{6+}）；溴代阻燃剂如多溴联苯（PBBs）和多溴联苯醚（PBDEs）等阻燃剂以及聚氯乙烯塑料中含有的增塑剂、安定剂等。欧盟《关于限制电子电气产品中使用有害物质的指令》（RoHS）对电器电子产品中六类有害物质的含量进行限制，其中铅（Pb）、汞（Hg）、六价铬（Cr^{6+}）、多溴联苯（PBB）、多溴联苯醚（PBDE）的最大允许含量为 0.1%（1 000 ppm），镉（Cd）为 0.01%（100 ppm），并提出了包含六溴环十二烷（HBCDD）、邻苯二甲酸二（2-乙基己基）酯（DEHP）、邻苯二甲酸二丁基酯（DBP）、邻苯二甲酸甲苯基丁酯（BBP）等四种未来关注物质。其中，PBBs 目前已很少在产品中使用，而 PBDEs、HBCDD 在电器电子产品作为阻燃剂使用，DEHP、DBP、BBP 主要作为增塑剂使用。

以手机为例，其包含贵重金属如金、银、钯、铜等 40 多种元素。20 多种金属元素占手机重量的 35%～40%，其中 12 种元素被列为高危险物质，12 种被认为是低危险物质。铅作为焊料连接元器件在手机中使用，所受关注最多；BFR 作为阻燃剂用于手机外壳塑料、印刷电路板、连接线、电线、配件中，是另外一种有害物质；六价铬用在金属防腐涂层、涂层底漆、塑料硬化等，也是另外一种有害物质。

二、溴化阻燃剂、聚氯乙烯等在电器电子产品中的使用及对环境、人体健康等产生的影响

（一）使用情况及环境和健康隐患

1. 溴化阻燃剂

BFR 生产量与使用量较大的有多溴联苯（PBB）、多溴联苯醚（PBDE）、六溴环十二烷（HBCD）及四溴双酚 A（TBBPA）等，其中 PBDE 主要在电器组件、建筑材料、室内装潢、家具、装饰织物纤维中使用，HBCD 主要应用于聚苯乙烯泡沫材料和室内装潢纺织品中。电器电子产品中的塑料占总重的 15%左右，大部分电子塑料含有 10%～15%的阻燃剂，包含溴代阻燃剂、无机阻燃剂和磷代阻燃剂等，主要使用于电路板、电线电缆、计算机和电视机外壳等。

以常见的 PBDEs 为例，主要有五溴联苯醚、八溴联苯醚和十溴联苯醚。根据相关研究，五溴联苯醚、八溴联苯醚和十溴联苯醚在电器电子产品中的含量在 10～1 000 mg/kg 范围内。作为一种添加型阻燃剂，在使用和处理含有 PBDEs 的废弃产品时，PBDEs 可通过挥发、渗出等方式释放到外环境中，造成大气、水体、土壤等污染。在制备、燃烧及高温分解时会生成多溴代苯并噁英（PBDD）和多溴代二苯并呋喃（PBDF）等有毒致癌的物质。根据对部分电路板的检测结果，其 PBDD/Fs 类物质的含量在 1 600 ng/kg。另外，BFR 在生物体内累积到一定水平后会造成影响甲状腺激素的功能，损害中枢神经系统和大脑等。

2. 聚氯乙烯

聚氯乙烯主要应用于家电如洗衣机的控制面板、制冰盒外壳、搅拌器机壳等，以及电器中的接线设备、户外配件和连接器等。氯化的聚氯乙烯具有良好的阻燃性和电绝缘性，可用于如电线槽、导体的防护壳、电开关、保险丝的保护盖和电缆的电绝缘材料等零部件中。

PVC 本身无毒，但其单体和降解产物毒性较大，含有的氯乙烯单体和燃烧产生的氯化氢和其他有毒有害气体如二噁英等可对神经系统、骨骼和肝脏产生毒性作用。在制成各种成品前，需依据柔软度不同添加增塑剂，使用量最大的为 DEHP。DEHP 是生殖与发育毒素，对发育中的男性生殖系统有很大的影响。另外，DEHP 等增塑剂可透过聚氯乙烯制品与食物或人体的接触进入人体，危害人体健康。

另外，由于聚氯乙烯不耐光与热，需要添加安定剂以保证其稳定性。常用的安定剂包括铅、镉、锌、钡、锡等金属盐类，这些金属可从聚氯乙烯制品中渗出，危害人体健康。

（二）电器电子产品废弃后非正规处理造成的污染

贵屿镇的电子废物拆解和深加工业从 20 世纪 90 年代开始，是我国典型的电子废物非

正规处理聚居区。该镇电子废物拆解和深加工业在为居民带来丰厚利润的同时也严重污染了当地的空气、土壤和地下水环境。通过分析造成环境污染的环节集中在电路板和塑料的回收处理过程以及各种回收处理作业废液、废渣的任意排放。

根据相关研究，贵屿、香港、广州 3 个地区空气中的总悬浮颗粒物（TSP）、$PM_{2.5}$ 中的 PBDE 含量分别为 21.5 ng/m^3、16.6 ng/m^3，0.15 ng/m^3、0.09 ng/m^3，0.29 ng/m^3、0.16 ng/m^3。

贵屿地区空气中的二噁英、PBDD/F 的含量分别为 64.9～2 365 ng/m^3、8.1～461 ng/m^3，而同期其他地区的二噁英含量为 0～803 ng/m^3，日本大阪的 PBDD/F 含量为 4.2～17 ng/m^3。这可能与当地电子废物的拆解处理有较大关系。同时，采用露天焚烧处理电子废物的飞灰中二噁英含量是采用酸浸处理电子废物土壤含量的 13～71 倍，是日本环境省土壤环境质量标准浓度的 15 倍。而对于河流沉积物，贵屿廉江河底泥中的二噁英浓度为苏州河的 7～2 541 倍。

另外，根据对贵屿地区儿童血铅的含量调查发现，165 个儿童的血铅含量范围为 4.40～32.67 μg/dL（平均值为 15.3 μg/dL），而邻近地区 61 位儿童的血铅含量为 4.09～23.10 μg/dL（平均值为 9.94 μg/dL）。贵屿地区 81.8%的儿童血铅含量超过 10 μg/dL，而邻近地区的百分比为 37.7%。

三、我国电器电子产品的管理现状

我国近年来已开展对电器电子产品添加新型化合物的管控工作。2007 年，信息产业部会同发展改革委等相关部门颁布《电子信息产品污染控制管理办法》，规定控制有害物质在电子信息产品中的使用，其中包括多溴联苯（PBB）、多溴二苯醚（PBDE）等溴化阻燃剂（BFR），并规定了其含量不得超过 0.1%（质量分数）的限量要求及检测方法。

目前，工业和信息化部正在会同有关部门修订该办法，拟将办法的适用范围扩展到整个电器电子产品领域。2009 年 2 月 25 日国务院公布的《废弃电器电子产品回收处理管理条例》（以下简称《条例》）规定，电器电子产品生产者、进口者生产、进口的电器电子产品应当符合采取有利于资源综合利用和无害化处理的设计方案，使用无毒无害或者低毒低害以及便于回收利用的材料。电器电子产品上或者产品说明书中应当按照规定提供有关有毒有害物质的含量、回收处理提示性说明的信息。

电器电子产品中，BFR 和 PVC 主要使用于电路板和塑料等配件。我国对废弃电器电子产品的处理实施资格许可，已杜绝露天焚烧等原始粗放的处理方式。手机、平板电脑等已经列入废弃电器电子产品处理目录调整重点并正在征求意见，在具有相关环保措施的处理设施中对其的拆解处理不会产生明显的环境隐患。

针对电器电子产品报废后回收处理过程中可能产生的污染，环保部门应加强废弃电器电子产品拆解产物的下游监管，进一步规范处理活动，降低回收处理可能产生的环境风险。

四、我国废弃电器电子产品管理工作的建议

（一）生产使用环节

针对电器电子产品中新添加化合物，研究国外相关的法律法规要求，建议配合工信部加强电器电子产品添加新型化合物的管理，防止新增有害化学物质的污染。研究制订相关管理措施，主要包括：发布《电子产品污染控制重点管理目录》，制订添加化学物质的推荐、禁止目录。加大对国内电器电子产品生产企业有害化学物质的添加使用监管活动，确保符合国家相关的法律法规要求，鼓励企业开展无卤阻燃剂的研发和替代技术。

针对电器电子产品中的有害化学物质使用，需工信部、质检总局等部委联合进一步针对电器电子产品中的有害物质或元素开展含量检验工作，禁止生产、销售或进口有害物质或元素含量值超过国家标准或行业标准的电器电子产品。

加强对电器电子产品中有害化学物质的标识制度。电器电子产品的生产者、销售者或进口者应将相关信息进行公开，标明有害物质或元素的名称、含量、所在部件及其可否回收利用等。

加大电器电子产品有害物质危害的宣传，提高公众意识和参与程度，鼓励引导购买未添加有害物质的电器电子产品。

（二）回收处理阶段

针对废手机、平板电脑及其他废弃电器电子产品的回收处理过程，加强来源于居民家中的废电器电子产品的管理。考虑地域性差异，因地制宜积极推动多渠道回收。针对回收体系的建立，一方面建立完善、快捷的回收体系，发挥生产者的作用，保障正规渠道畅通；另一方面提高公众意识，鼓励全民参与回收，建议废电器电子产品回收时研究设立优惠制度，引导消费者参与回收处理。

进一步加强手机、平板电脑、计算机等电器电子产品报废后的回收处理活动，规范其回收渠道，确保手机等进入资质企业拆解处理，严厉打击违法回收处理活动，杜绝污染环境等事件发生。加强废电器电子产品的非法进口和越境转移的联合监管，禁止发达国家通过各种渠道向我国转移废电器电子产品。加强废塑料、废电路板等含有有害化学物质的拆解产物下游的再生利用企业的环境监管和监察力度，规范其处理活动，确保拆解产物的环境无害化管理。鼓励企业开展含溴化阻燃剂（BFR）的电路板、塑料等拆解产物的资源化处理技术研发。

（李金惠、刘丽丽、董庆银；清华大学环境学院）

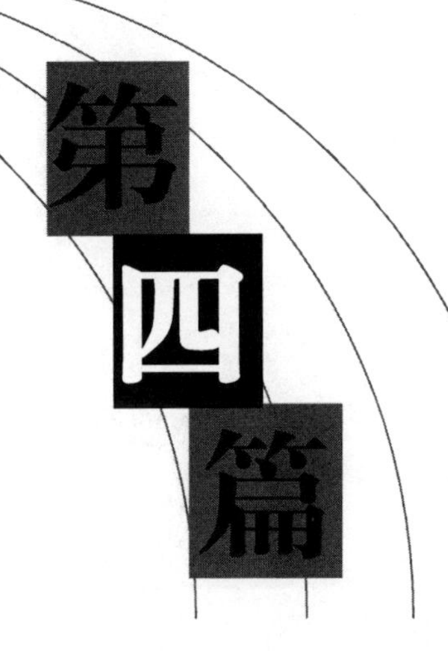

第四篇

电子废物管理

第十六章

我国旧电子产品鉴别及管理建议

旧电子产品的分类与鉴别是目前国际社会广泛关注的热点问题。二手产品、旧产品、可用材料等概念是基于废旧电子产品的不同使用价值和用途而提出的，被美国等发达国家和国际社会广泛认可，但随之引发的旧电子产品与废物如何区别，旧电子产品的进出口，以及旧电子产品的管理等问题，是各国特别是发展中国家面临的难题。我国是电子产品的生产和消费大国，旧电子产品市场较大，同时面临国际上以旧电子产品名义向国内转运电子废物的问题。

本章通过开展美国旧电子产品管理及相关鉴别标准，以及国际有关旧电子产品管理及分类识别准则的研究，结合我国旧电子产品管理现状，对比分析中国、美国及有关国际准则关于旧电子产品的管理及分类方法、识别技术等，提出我国旧电子产品鉴别及管理建议，为我国的旧电子产品管理和鉴别工作提供参考和借鉴。

一、中美旧电子产品管理及鉴别比较

（一）管理政策及法律法规

美国没有针对旧电子产品管理建立相关联邦法规。2011 年，美国出台了《电子产品国家战略》，从废物管理的出发点，建立了电子产品全生命周期管理框架，以促进废旧电子产品的再使用、翻新与循环利用。其中，要求联邦政府在促进政府旧电子产品的再使用方面起带头作用。而社会源旧电子产品的再使用则主要由市场和行业主导。

在进出口方面，美国《电子产品国家战略》提出了减少废旧电子产品出口危害的总体目标。关于限制特定电子废物向发展中国家出口的《电子产品回收责任法》已被提上立法议程（尚未通过），其中提出，满足一定条件的旧电子产品不受出口限制。另外，《资源保护与回收法》对废旧阴极射线管（CRT）的出口条件进行了规定，要求以再使用为目的的CRT 出口商在出口前向环保局提交一次性通知和相关信息。

与美国不同，我国在立法上明确对旧电子产品与电子废物实行分别管理。美国对旧电子产品的管理部门主要是美国环境保护局，而我国环境保护部主要针对电子废物进行管理，旧电子产品的主管部门是商务部。相对美国，我国关于旧电子产品管理的法规体系更为完善，不仅出台了有关国内流通管理方面的法规，也对“旧机电产品”（包含电子产品）的进口实施了严格的管理规定。

（二）管理范围与相关定义

美国主要对电子产品进行管理，公约和我国的管理范围则较宽。美国所指电子产品，一般是消费类和商业用电子产品，包括计算机、电视、显示器、手机、打印机等。公约管辖范围是电器电子设备。我国的管理对象不仅包括电子产品，还包括电器产品、电气设备等。

通过对比中美国家政策法规采用的相关术语可知，美国在国家战略中并未将旧电子产品与电子废物区分开来，而是统一采用“使用过的电子产品”这一术语来涵盖二者。公约采用类似做法，并在准则中对废电器电子设备进行了明确定义。而我国对电子废物与旧产品实行区别管理，并在相关法律法规中给出了明确定义（表4-1）。

表4-1　中美电子废物与旧电子产品相关定义对比

<table>
<tr><th></th><th></th><th>定义或描述</th><th>相关法规</th></tr>
<tr><td rowspan="2">美国</td><td>使用过的电子产品</td><td>可被再使用、翻新和回收利用，也可以提供有价值的零件或原材料（既包括电子废物，也包括旧电子产品）</td><td rowspan="2">《电子产品管理国家战略》</td></tr>
<tr><td>电子废物</td><td>常用来指代被使用者丢弃、捐赠或交给回收者的接近有效寿命期限的使用过的电子产品</td></tr>
<tr><td rowspan="2">公约</td><td>废电器电子设备</td><td>成为废物的电器电子设备，包括电器电子设备成为废物时所包含的所有零部件、组件和消耗品</td><td rowspan="2">《电子废物越境转移准则》</td></tr>
<tr><td>使用过的电器电子设备</td><td>可能是电子废物，也可能是旧产品</td></tr>
<tr><td rowspan="3">中国</td><td>电子废物</td><td>指废弃的电子电器产品、电子电气设备（以下简称产品或者设备）及其废弃零部件、元器件和环境保护部会同有关部门规定纳入电子废物管理的物品、物质</td><td>《电子废物污染环境防治管理办法》</td></tr>
<tr><td>旧电器电子产品</td><td>是指已进入消费领域，仍保持全部或者部分原有使用价值的电器电子产品。包括制冷空调器具、清洁器具、厨房器具、通风器具、取暖熨烫器具、个人护理器具、保健器具、娱乐器具等电器产品和音像娱乐类、信息技术类等电子产品</td><td>《旧电器电子产品流通管理办法》</td></tr>
<tr><td>机电产品</td><td>机电产品（含旧机电产品），是指机械设备、电气设备、交通运输工具、电子产品、电器产品、仪器仪表、金属制品等及其零部件、元器件</td><td>《机电产品进口管理办法》</td></tr>
</table>

（三）鉴别管理与相关标准

美国政府为促进回收和翻新企业认证，正在制定关于翻新和回收利用企业认证标准。目前已存在R2和E-stewards两种行业认证标准，分别对旧电子产品的再使用、再销售、维修或翻新提出了条件要求。

《巴塞尔公约》电子废物越境转移准则关于旧电子产品的认定主要基于对进出口目的及产品本身可再使用性的判定，提出了旧电子产品越境转移需要满足的条件。

中国在旧电子产品识别方面尚未建立可操作的标准。中国在国内管理方面仅依据是否具备全部或部分原有使用价值进行判断对旧电器电子产品进行鉴别。在进口管理方面主要依据《机电产品进口管理办法》对旧机电产品进口条件的要求，包括检验检疫、CCC认证等。

具体而言，美国和《巴塞尔公约》关于旧电子产品的鉴别标准均是按使用目的分为两种情况：一是用于直接再使用，二是用于维修、翻新或故障分析后再使用。并对旧产品需要满足的条件从功能、外观、包装、市场、合同、退货保证、维修/翻新能力、产废管理等多方面进行了规定。而中国目前旧电子产品的识别主要根据功能、使用价值或外观进行判断，其他考量因素较少。对比情况详见表 4-2。

表 4-2　中美及《巴塞尔公约》旧电子产品鉴别标准对比

标准或条件的考量因素	美国行业标准		巴塞尔公约	中国		
	R2	E-stewards	电子废物越境转移准则	《旧电器电子产品流通管理办法》	《机电产品进口管理办法》	行业标准：淘绿环保
使用目的*	√		√			
功能/使用价值	√	√	√	√	√	√
外观	√		√			√
数据安全		√		√		
标识		√		√		
包装		√	√			
合同/销售凭证			√	√		
市场存在性	√	√	√			
维修/翻新能力	√				√	
退货保证	√	√	√	√		
顾客要求	√					
产生废物管理		√	√			
后续活动监管		√	√			
其他要求			尊重国家立法		检验检疫等	

注：* 包括：直接再使用；维修或翻新后再使用。

二、中国旧电子产品管理的问题和挑战

（一）定义方面存在的问题

我国在国内管理与进口管理方面对旧电子产品相关定义缺乏统一。中国旧电子产品相关定义的差异与交叉主要体现在以下几个方面。

一是国内管理方面存在不同定义。中国在国内管理方面包括“电子废物”与“旧电器电子产品”两个定义，二者在范围上并不对等。其中，电子废物范围更大，包括电子电器产品和电子电气设备及其零部件、元器件等。对于两种术语的采用，相关法规并未给出解释。

二是在基于使用价值判断方面，旧电器电子产品定义与固体废物定义存在矛盾。根据我国关于固体废物的定义，对电子产品的废物属性的界定应基于拥有者丢弃或放弃行为的发生，而不论产品本身是否具备使用价值。旧电器电子产品的定义与之存在矛盾。

三是进口管理方面与国内管理存在差异。中国在进口管理方面采用“机电产品”术语，其所包含的范围比国内管理定义更为广泛，不仅包括电器电子产品、电气设备，还包括机械设备、仪器仪表等。

四是进口管理方面废旧涵盖范围不同。通过对比《进口废物管理目录》中所列废机电产品与《机电产品进口管理办法》所定义的机电产品（包括旧机电产品）范围发现，旧机电产品所涉及产品类别范围更大，还包括金属制品、运输工具、钟表等。

（二）国内管理面临的挑战

我国旧电器电子产品流通管理刚处于起步阶段，需要进一步落实相关法规，完善管理措施。目前，我国旧电器电子产品市场产品种类繁多，来源广泛，销售产品没有旧货标识，多数产品厂家不保修，从业者多为个体经营人员。而我国尚未建立针对旧电器电子产品的识别标准或质量要求，可能导致旧产品质量良莠不齐、缺乏质量保证、存在安全隐患等问题。

此外，《旧电器电子产品流通管理办法》未涉及旧产品维修、翻新等方面经营活动的管理，目前我国旧电器电子产品维修以作坊式操作为主，未形成规范化产业，不易于监管。维修和翻新作业产生的电子废物残渣，若不严加监管，可能危害环境和人体健康。

（三）进口管理面临的挑战

在涉及旧机电产品进口管理时，我国对旧机电产品（包括旧电器电子产品，侧重于工业用机械设备）与废机电产品（侧重于消费类和商业用电器电子产品）予以区别管理，分别规定了不同的产品范围及进口管理目录。但是，并未明确区分二者的定义，也未出台有

关区别标准。

这种情况可能对我国进口管理造成两方面挑战。一方面，大部分受废物进口管制的电器电子产品，不在旧机电产品进口管制目录内，这意味着某些电子废物受到严格的进口管制，而其对应的旧产品却可自由进口，增加了电子废物以旧产品名义进口的风险，并加重了废旧鉴别的工作负担。

另一方面，由于在废旧机电产品进口管理方面缺乏明确的废旧区别标准，电子产品的废旧鉴别工作存在较大困难，且鉴别结果也因缺乏明确的法律依据而较难作为法庭证据。据了解，在实际鉴别工作中，更多从环保角度考虑而将旧产品认定为电子废物。而据2015年《巴塞尔公约》第12次缔约方大会上临时通过的电子废物越境转移准则，缔约方如果将旧产品认作废物，需要有国家立法依据，这将对我国目前电子废物进口管理形势造成新的挑战。

三、我国旧电子产品鉴别及管理建议

第一，统一废旧电子产品定义口径。在国内管理方面，协调一致各类法规对电子废物和废弃电器电子产品的定义与范围。针对不同管理目的，对二者区别做出明确解释，在界定二者涵盖产品类别的范围时采用一致的分类方法。在进口管理方面，协调一致废弃机电产品与旧机电产品的定义，在界定二者涵盖产品类别的范围时采用一致的分类方法。此外，明确区分电器电子产品与机电产品，对二者范围的不同做出明确规定或解释。在区别废弃电器电子产品与旧电器电子产品，以及废弃机电产品与旧机电产品方面，建议商务部与环保部统一管理口径。即“废”与“旧”应相对应存在，二者范围一致，只是属性不同。

第二，加强国内旧电器电子产品管理，完善管理制度和措施。推动《旧电器电子产品流通管理办法》落实，促进旧货市场规范发展。开展旧电器电子产品市场调查，了解目前旧货市场现状与执法面临的问题，包括销售旧电器电子产品质量状况，以及维修、翻新和故障分析等活动的情况。督促旧货市场开展自我监管，改善市场监管条件。实施旧电器电子产品经营场所审查，对不合规经营活动进行整顿。依据《废弃电器电子产品回收处理管理条例》《旧电器电子产品流通管理办法》《固体废物鉴别导则（试行）》等相关法律法规及标准，针对旧电器电子产品鉴别建立明确的操作性较强的标准，为国内旧电器电子产品流通提供质量保障。

第三，开展废旧机电产品进口管理对比研究，完善现有管理制度。对我国目前废旧机电产品进口管理的实际情况进行深入调研，分析现有两套独立管理机制下，可能存在的电子废物进口管理漏洞。尤其是研究分析两套目录的交叉管理情况，通过调查旧机电产品进口管理目录中没有涵盖的旧电器电子产品的进口情况，分析电子废物以旧产品名义进口的实际情况和潜在风险，为推动商务部与环保部联合管理机制的建立和相关制度的完善提供政策建议。

第四，研究建立明确的旧机电产品鉴别标准及进口准入条件。依据《固体废物进口管理办法》《机电产品进口管理办法》等法律法规，基于我国实际情况，并借鉴《巴塞尔公约》电子废物越境转移准则及美国等国家的相关标准，研究建立我国进口旧机电产品鉴别标准，从提高可操作性角度，对旧机电产品进口条件做出规定，尤其要考虑是否允许进口用于维修、翻新或故障分析后再使用（指本国再使用，非产品质保维修范围）的旧产品。支持有关单位开展我国旧机电产品进口现状及需求调研。调查我国进口旧机电产品尤其是旧电器电子产品的实际情况以及产品返修的情况。通过调查旧产品市场需求及国内旧产品存量，估算我国对进口旧机电产品的需求，并分析进口后维修、翻新活动对我国环境、经济及电子废物管理带来的潜在影响，为我国进口旧机电产品鉴别标准的建立及相关管理制度的完善提供建议。

第五，加强中美废旧电子产品进出口管理合作，打击非法越境转移。加强与美国双边合作，建立有效的双边合作机制，就旧电子产品与电子废物进出口管理加强信息交换。与美国沟通协商，就中美废旧电子产品进出口管理限制和禁止类别达成谅解备忘录，并建立联合打击废旧电子产品非法越境转移合作机制。

（李金惠、刘丽丽、郑莉霞、刘芳、杨洁；巴塞尔公约亚太区域中心）

第十七章

我国废打印机和复印机回收处理管理对策

自 20 世纪 80 年代中期，我国大中城市的机关和企事业单位开始普遍使用打印机、复印机等办公设备。随着电子技术的飞速发展，越来越多的打印机和复印机等办公设备投入使用，导致废弃量不断增加，应加强对其的环境管理。据估算，2015 年，我国废打印机产生量约为 4 057 万台，废复印机产生量约为 56.5 万台；打印机和复印机的使用周期一般为 5 年左右，主要集中在各办公区域使用，比较便于集中回收。

目前，国际上并无单独针对性的管理政策，但是作为电子废物中重要的一类，面向电子废物的政策多数适用于废弃打印机和复印机等办公设备。以日本为例，2001 年实施的《资源有效利用促进法》中规定复印机由生产企业负责回收处理，并且将复印机生产企业等指定为有义务使用再生零部件和再生资源的“特定再利用行业”。2013 年实施的《废旧小型电子产品等再资源化促进法》将打印机和其他打印装置（包括复印机）列入小家电的对象制品中，规定对其产品中使用的金属等有用资源进行回收利用。除此之外，日本大部分企业都重点强化企业社会责任（CSR），大部分打印机和复印机的生产制造商都有各自的废旧产品回收处理基地，以增强其企业社会责任。

我国已制定《废弃电器电子产品回收处理管理条例》《电子信息产品污控制管理办法》《废弃家用电器与电子产品污染防治技术政策》《电子废物污染环境防治管理办法》等一系列相关法规条例，积极推动电子废物的无害化、资源化处理。2015 年《废弃电器电子产品处理目录（2014 年版）》正式发布（自 2016 年 3 月 1 日起实施），打印机和复印机包含在新增的 9 类电器电子产品中，将促进打印机和复印机回收处理产业的发展。但是我国尚未出台针对废弃打印机和复印机等的回收、处理以及环境监管方面的政策、法规、标准规范等，有关废弃打印机和复印机资源化以及废旧硒鼓/墨盒再生等方面缺乏相应技术支撑。因此，目前多数进入淘汰期的打印机和复印机仍处于未有效处理处置的情形。

基于打印机和复印机废弃量、区域分布、回收现状、处理技术与设施、生命周期影响评价等角度进行分析，同时结合日本废弃打印机和复印机回收处理、再制造和处理处置现状，提出废打印机和复印机回收处理管理对策与建议，为建立我国废弃办公设备的无害化管理体系提供参考。

一、废打印机和复印机产生量预测及回收潜力

（一）废打印机和复印机产生量预测

利用市场供给A模型进行预测，从2010年至2025年，我国废打印机的产生量将从2 033万台增长至5 721万台，废复印机的产生量从28.26万台增至91.79万台。废复印机产生量为废打印机的1.1%～2.2%。虽然废复印机的数量相对较少，但其体积、重量是打印机的5～8倍，且部分高端产品都是打印/复印一体机，也需引起关注。

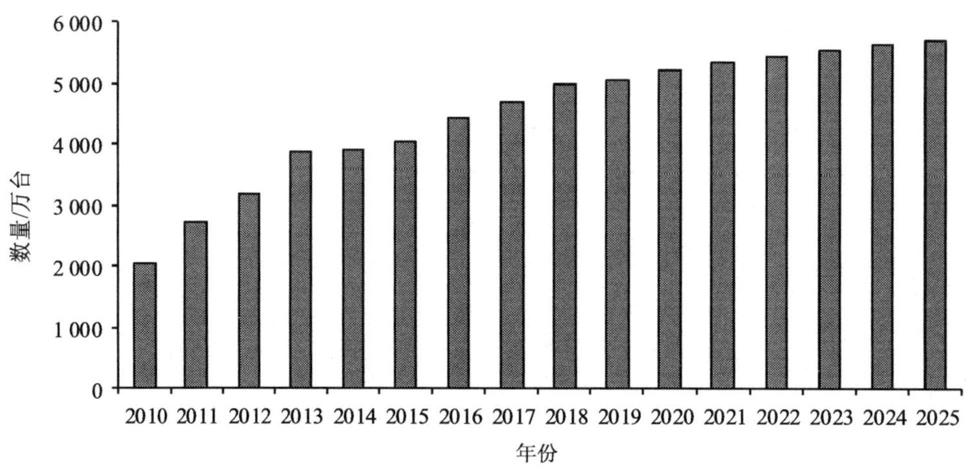

图 4-1 我国打印机废弃量

（二）废打印机和复印机区域分布特征

打印机和复印机因其功能特征，主要集中在各办公区域使用。我国各省区市打印机的报废量呈逐年上升趋势，其中由于经济发展总量、产业分布、人口及地域等原因，山东、江苏、广东、浙江、河南等省市打印机的报废量高于其他省市。华东、华中、西南、华南、华北、东北、西北地区打印机报废量则依次降低，废打印机产生量东部要远高于中西部。因此，在废打印机和复印机回收和拆解处理能力全国布局时，考虑在华东、华中和西南地区多布点，华南和华北地区适当布点，东北和西北地区少布点。

（三）废打印机和复印机回收潜力分析

不同类型废打印机和复印机组成部件或材料之间差异较大，但总体以塑料、金属、硒鼓/墨盒、电路板为主，比例见表4-3。塑料、金属、硒鼓/墨盒、电路板等可以进行资源化

再利用，其他难以处理组分则作为废弃物进行焚烧或填埋处置。

表 4-3 不同种类打印机的拆解产物占比构成 单位：%

种类	激光打印机	喷墨打印机	针式打印机	打印复印一体机
硒鼓/墨盒	8.89	1.94	0.00	4.83
电路板	7.33	3.14	10.34	3.50
电机	3.24	12.02	10.83	3.05
塑料	46.69	52.17	52.05	29.86
金属铁	33.00	27.47	25.12	53.77
连接线	0.56	0.49	1.64	1.43
玻璃	0.00	0.00	0.00	2.73
其他	0.28	2.77	0.00	0.78
总计	100.00	100.00	100.00	100.00

二、废打印机和复印机回收处理特点和现状

（一）日本废打印机和复印机的回收处理与再制造现状

1. 复印机的回收

在日本，客户习惯将废旧复印机交付至生产制造商，该方式适合制造商回收再利用。制造商主要利用本公司新产品配送的回程班车构建回收体系，配合废旧产品再利用体系，独自进行复印机的回收和再利用。但这种自主回收体系也存在一个问题，即该生产制造商的处理基地只负责处理本企业的废旧产品，当本企业的产品被其他品牌产品以旧换新时或以其他形式交付其他企业时，本企业就无法回收处理。为了使废旧产品能够在原生产制造商企业得到再利用，日本办公机械与信息系统产业协会（Japan Business Machine and Information System Industries Association，JBMIA）建立了企业间相互回收的废旧复印机的交换体系。各企业以“以旧换新”等方式回收的其他品牌产品集中到指定地点（回收交换中心），最终返回至原始生产制造商。除此之外，日本各县也都与 JBMIA 联合设置了“回收站”，用户购置新复印机时报废的旧复印机（无论何种品牌）均可以送至设在各县的回收站（无须支付处理费用），当积攒到一定数量时，回收站将废旧产品统一送至回收交换中心；加入 JBMIA 的生产制造商也可将回收的其他品牌产品送至回收站，回收站再将废旧产品运往回收交换中心。送入回收交换中心的产品按品牌分拣后运回相应生产制造商的再利用工厂。各企业在领回废旧产品时需要向回收交换中心支付仓储费用，如果需要回收中心运输还需要支付运输费用。

2. 打印机的回收

在日本，打印机和复印机不同，其主要分成企业用户和个人用户。大多企业用户自行委托资质（持有许可证）处理企业处理，其中一部分是利用与复印机相同的体系。个人用户产生的废打印机大多是由市町村回收后进行处理，从 2013 年 4 月起施行的《废旧小型电子产品等再资源化促进法》（以下简称《小型家电回收法》）规定，市町村回收的打印机由获得国家认证的企业负责运输及处理再利用。

3. 硒鼓/墨盒的回收

在日本的打印设备生产制造商中，多数对硒鼓/墨盒进行免费回收再利用。各打印设备生产制造厂家、销售公司都在零售店内设置回收箱，回收自己公司产品的废弃硒鼓/墨盒，还设立企业网站、电话、传真受理回收请求，免费予以回收。

日本的六家打印机制造商（惠普、爱普生、佳能、戴尔、兄弟、利盟）于 2007 年 1 月启动了“墨盒返乡计划”并在日本全国建立了 3 600 多个邮局收集箱，回收废弃墨盒。此外，经过全国地方政府的同意，也可以充分利用当地的市政设施开展回收活动，如政府机关集中收集，向大宗订货的企业和个人发放回收箱，也可以在维修打印机时回收废弃墨盒以及店面回收等多项措施。除了“墨盒返乡计划”，日本还有多个回收方法提高墨盒回收率，包括收集零售网点，以及 Bellmark 基金会回收方案①。

4. 回收处理和再制造体系

日本废弃打印机的处理和再制造可概括为三类：整机和硒鼓/墨盒组件的再生（再制造）、零部件的循环再使用、原材料的再利用，均以零填埋为最终的理想目标，不能再生或再利用的废弃物再进入焚烧或填埋最终处置。

整机和硒鼓/墨盒组件的再生有两种方式：再整理和再制造。再整理是对回收的废旧机器经检验后，在整体不拆卸的情况下，拆下磨损的和不可再使用的零部件，对留存部分进行整理，换上新的零部件，然后整机通过与新品同样的检验，保证质量与新机器等同。再制造是将回收的废旧产品拆卸到只保留骨架，对可供再使用的零部件进行清洗、检验，替换不合格的零部件，并重新组装，组装完成后整机通过与新品同样的检验，保证质量与新机器等同。

零部件的循环再使用是将回收废旧打印机和复印机全部拆卸至零部件，取出可再使用的零部件，经过清洗、维修，检验合格后再使用，保证再使用的零部件与新品质量等同。再使用方式有三种：用于新机器中、用于再生机中、用于机器的维修服务中。

原材料的再利用是根据材料的性质，废打印机和复印机中可以作为原材料再利用的主要有包装材料、塑料、金属和金属复合品墨粉等。

5. 回收处理与再制造案例

在日本，基本上所有的办公设备生产制造商都有下设的回收处理基地或委托处理企

① Bellmark 基金回收方案：让消费者剪下并收集印在产品外盒的钟形图示（Bellmark），交给相关企业后，依收集积分点数来给学校换取教具或协助弱势团体购入学习用设施等。

业，本研究选取一些具有代表性的企业，如富士施乐、佳能、柯尼卡美能达、爱普生、惠普、北九州办公设备循环再利用厂（Kitakyushu Eco-town OA equipment recycling plant）①作为案例分析各生产制造商对于本品牌废旧产品的回收处理情况（表 4-4）。

表 4-4 日本主要废打印机和复印机处理和再制造案例企业分析

处理和再制造案例		处理流程	特点分析
处理	富士施乐	废旧产品的拆卸解体、分拣归类、再资源化的全过程系统化管理	能够将办公设备完全转化成再生资源的处理系统
	佳能	第一类是数字式多功能一体机的再制造；第二类是零部件再使用，再使用的部件分类用于新产品或维修服务中；第三类是原材料的再利用	从垃圾减量化和资源有效利用的角度，开展废打印机和复印机和零部件的再利用
	柯尼卡美能达	大部分回收的废旧产品是手工拆解，拆解物分类，清洗可重复使用的部件，检查后重复使用，其他的可作为原料、燃料被运送到能够处理的企业	通过回收减少最终处理处置（填埋垃圾），减少废物总量
	爱普生	首先进行产品的分解，然后再将不同材质的产品，分别加工处理	在回收的产品中，80%的部件和材料再利用，18%其他用途，2%会彻底无法使用
	惠普	回收的墨盒，经过多道处理程序，被分解成塑料和金属等材料进行再利用	在业内首次使用再生塑料生产新的墨盒，提出“闭环”墨盒回收利用计划
	北九州生态园办公设备循环厂	对废打印机和复印机进行分选，手工拆解为塑料、电路板、玻璃、电机、铝、壳架和电线等原料，拆解原料提供给园内的其他生产厂家作为生产原料	通过纯手工拆解，使各种材料都能得到回收利用，回收率能达到 99%以上
再制造	富士施乐	通过对废旧复印机关键部件进行维修或更换，使产品性能达到新复印机的水平	再生复印机的零件再利用比例大于 60%（质量比）
	佳能	选择回收产品中适合再利用的部分，重新再组装成和新产品等质量的产品	新设备中包含 68%（平均重量比）的再利用零部件
	柯尼卡美能达	废旧产品的拆卸和清洗以及部分零部件的必要更换和调整重新组装	数字式复合多功能一体机再使用部件的质量比超过 85%

从上表可以看出，对于废打印机和复印机回收后的处理和再制造，各大生产制造商建立了自己的再生或再循环利用厂或委托有资质的处理工厂处理。除此之外，各公司还投入人力和财力用于环保技术、环保型产品、环保型生产设备、再生生产设备和检测设备的研究和开发，并关注再生生产设备和检测设备。

① 废办公设备（OA）再生项目由新菱、理光株式会社于 1999 年 4 月出资建设的再生技术株式会社承担，是经济产业省生态园资助项目之一。主要业务是拆解报废的办公设备，包括复印机、传真机、计算机等，通过高度筛选，生产出高品质的再生原料（零部件）。

（二）我国废打印机和复印机回收处理特点和现状

废打印机和复印机的回收渠道主要包括流动回收者、个体回收商、经销商及维修商回收。因不同类型及型号的打印机差别较大，且因使用情况、破损情况等因素对回收影响显著，无统一的回收价格标准，一般按照重量计价回收。在未列入《废弃电器电子产品处理目录》时，每台废打印机的平均回收价格约为3.5元/kg，约35元/台。

1. 正规企业

目前专门从事废打印机和复印机回收拆解的企业较少，废打印机和复印机约有15%进入正规回收渠道，10%的废打印机经简单维修翻新后整机进入再使用体系，大多是在回收废弃电器电子产品的过程中“顺带”回收或使用者主动报废产品并交至处理企业。在废弃电器电子产品处理企业中，部分企业设置专门的废打印机和复印机拆解线，经过简单的拆解处理后，将有价值的材料出售，不能出售的危险废物或者零部件委托资质企业处理。

富士施乐爱科制造（苏州）有限公司（以下简称“苏州富士施乐”）具有打印机和复印机的拆解处理车间年拆解能力为1.5万台整机和50万个硒鼓，负责拆解全国范围内的该品牌打印机和复印机。上海富士施乐有限公司通过直销商和代理商回收该品牌废打印机和复印机，并运送到苏州，苏州富士施乐支付运费。打印机和复印机以手工拆解为主，在拆解台定点拆解后分成零部件或材料，如墨粉等付费交由资质企业处理，电路板出售至苏州同和资源综合利用有限公司，废塑料出售至苏州市再生资源投资发展有限公司。硒鼓处理以手工拆解为主，带有抽风、清洗装置，两个工作台为一组从事拆解，分解成相应的零部件或材料，再出售或再制造。

2. 拆解作坊

打印机和复印机在报废后，80%～90%被小商贩上门回收后拆解，少于10%的经简单维修和翻新后进入二手市场销售。废打印机拆解产生的可利用零部件翻新后再次出售，硒鼓、墨盒集中卖给专业收购者或者直接废弃，塑料、金属、电路板等出售，其他以普通废品形式出售，处理过程中产生的碳粉、墨水等危险废物等缺乏有效监管，对环境具有很大的潜在危险。

三、废打印机和复印机处理过程的污染控制关键节点

废打印机和复印机经拆解处理后可分为塑料、金属、电路板、硒鼓/墨盒、其他等五大类，前四大类可以进行资源化再利用，其他零部件则作为废物进行焚烧或填埋。

硒鼓作为激光类打印机的重要耗材，消耗量巨大，目前使用单位多数是通过灌粉后再使用，不能再使用的硒鼓主要是暂存或随生活垃圾废弃，少数进入资质企业处理处置。目前，我国少数生产企业（如山东富美科技集团有限公司）开展了废旧硒鼓的再制造，多数零部件在清洗后可再次利用；也有部分处理企业直接将废旧硒鼓进行拆解破碎处理，分选

塑料和金属，碳粉回收后焚烧处置，该方法也是硒鼓/墨盒资源化方式的一种，但是破碎过程中若对墨粉处理不当容易对人体健康造成潜在的危害。废旧墨盒由于具有残留的墨水，采取破碎等方式需配套相应的清洗设备，同时会产生含颜料/染料的清洗废水及其他污染物，流程复杂，建议将墨盒直接按照危险废物进行焚烧处置。废打印机和复印机处理过程的主要污染物及控制措施建议见表 4-5。

表 4-5 废打印机和复印机处理过程中的主要污染物及控制措施

处理过程	主要污染物	控制措施
回收过程	碎塑料，碳粉/墨水	搬运时注意轻拿轻放
暂存过程	碎塑料，碳粉/墨水	单独存放，采取防渗措施
整机拆解	粉尘	操作台配备负压系统
	碳粉/墨水	注意拆解程序，首先将硒鼓/墨盒拆除
	废气	采用布袋除尘和活性炭吸附塔等方式进行处理，达标排放
硒鼓拆解	碳粉	使用负压密闭设备进行拆解，碳粉统一存放后环境无害化处置
墨盒拆解	墨水	使用密闭设备进行拆解，墨水统一存放后环境无害化处置
废塑料、金属（受污染）等清洗	废水	建议使用密闭设备
废塑料、金属等减容	噪声	使用低噪设备并采取减噪措施
电路板机械处理	粉尘、噪声	使用密闭性好、低噪的设备，并采取减噪措施，废气、废水、废渣进行环境无害化处置
电路板火法处理	废气、废渣	
电路板湿法处理	废气、废水、废渣	

废打印机和复印机的回收处理过程中，碳粉和墨水是特征污染物，应予以控制。在拆解过程首先应拆除硒鼓和墨盒，并使用密闭容器贮存，统一存放、集中进行深度处理。硒鼓和墨盒单独拆解时，应使用密封设备防止碳粉逸散和墨水泄漏。拆解产物清洗时，建议使用带围栏的设施或密闭设备，避免废水等污染物的喷溅。操作车间内的废气应采用布袋除尘和活性炭吸附塔等方式进行处理，达标后排放。

四、废打印机和复印机回收处理生命周期影响评价研究

为评估废打印机和复印机回收处理对环境产生的影响，使用 Simapro 软件、选用 EI99 模型对废打印机和复印机的回收处理处置过程进行了生命周期影响评价，评价结果显示废打印机和复印机的处置过程造成的环境影响潜值为负值，意味着对其进行合理处置不会带来环境影响，还可避免不正规处理处置造成的负面环境影响。

经分析，在各处置阶段中，只有运输、包装瓦楞纸箱和木板、电耗以及对其他不可回用塑料的处理产生的环境效应为正值，其他均为负值，其中运输占近 20%，电耗占 71%左

右，即废打印机和复印机的回收处理过程中，应注重回收体系中回收设点的合理规划，并且在拆解处置过程中尽量减少电能的使用。对于包装所用瓦楞纸箱和木板，应提高循环使用次数，降低环境影响。在废打印机和复印机拆解过程中提高对塑料的分类效率，明确各类塑料的再生处理技术，提高资源化效率，降低该环节对环境的影响。

五、废打印机和复印机纳入基金补贴目录研究

打印机和复印机是一个专业性强、再使用价值较高的特殊行业。产业集中度高，产品在使用过程中耗材消耗量大；在回收处理环节，对处理技术和污染控制要求高，目前虽然出现了规范的打印机和复印机处理企业和硒鼓再制造企业，但回收处理行业整体水平仍处于不规范状态。打印机和复印机纳入《废弃电器电子产品处理目录》管理后，应考虑其拆解产生的硒鼓、墨盒等属于较难处理废物，建议建立生产者参与的回收处理体系，以鼓励再生利用和无害化处理，减轻环境污染，提高资源综合利用水平。

六、对策与建议

《废弃电器电子产品处理目录（2014年版）》正式实施将对废弃打印机和复印机回收处理行业带来积极影响。根据日本的废旧打印机和复印机的回收处理体系和相关案例，针对我国废打印机和复印机的环境无害化管理，提出以下建议。

第一，废办公设备回收处理机制研究。参照日本废复印机的运行模式，研究我国办公设备新产品不征收基金、废弃产品无处理补贴的可行性。同时，通过对生产制造商设立相应的回收量或回收率等形式，借鉴日本设立回收交换中心的经验，在我国建立类似的回收交换中心，推动废办公设备的回收处理。鼓励生产企业通过与处理企业合作或降低基金征收比例等方式参与报废品的回收处理机制。

第二，推动回收体系建设。针对各地区废打印机和复印机产生量的预测值，结合废打印机和复印机的体积大、质量高、不易转运等特点，鼓励就近处理，确定废打印机和复印机的处理能力布局。推动与处理能力匹配的回收体系建设。鼓励各大办公设备生产制造商在我国建立处理处置工厂，负责本品牌废弃产品的回收处理，实现废弃产品的资源利用最大化。实行新产品的联单信息管理，产品从出厂、销售、使用到废弃后回收处理处置实行条码管理，建立相应的信息管理系统。

第三，促进废办公设备产生主体的回收。机关、团体、企事业单位应实施办公设备固定资产登记管理，及时报备更换的废旧硒鼓/墨盒等耗材和整机，固定资产管理部门定期进行本单位废打印机和复印机等整机以及硒鼓/墨盒的回收，最后统一或委托相关单位运往有资质的拆解处理企业或回收交换中心。

第四，开展废办公设备再制造研究。废办公设备再制造是废弃产品处理的高级阶段，

是处理企业的主要盈利模式和盈利点。目前日本的废办公设备处理企业基本上都从事产品或部件的再制造，建议处理企业借鉴、引进先进研究经验，因地制宜，提升企业的技术和装备水平。

第五，加强废办公设备处理过程的污染控制监管。结合废办公设备拆解处理过程产生的碳粉/墨水等特征污染物，基于关键污染物产生环节，形成废办公设备回收、贮存、拆解、处理、再制造等全过程管理的管理技术文件，并开展监管活动。

第六，推动产学研结合，加强科研投入。重视废办公设备及其打印耗材回收、再制造、再生利用、处置中的科学问题、技术难题和管理症结，鼓励科研院所、高等院校等研发适合国内的拆解产物资源处理再利用方案及设备，搭建平台，促进成果转化。

第七，推动技术规范和管理政策制订。制订废打印机和复印机回收处理污染控制技术规范和处理设备要求，以及相关硒鼓/墨盒再制造产品的质量要求和零部件再利用标准。推动国家和地方相关管理部门制定和出台政策，规定政府机关、企事业单位和社会团体等报废的打印机和复印机须交由资质企业处理，实行固定资产核销制度。

（李金惠、刘丽丽、董庆银、王艳、杨洁；巴塞尔公约亚太区域中心）

第十八章
我国废电池回收处理管理对策

我国的电池种类较多，主要包括一次性干电池，二次电池（铅酸电池、镍氢电池、锂电池等）和其他电池如太阳能电池等。由于二次电池可多次充放电、循环使用，其生产和使用量逐年增加。据估算，2015 年我国废锂电池产生量约为 35.9 亿只、废镍氢电池产生量约为 20.4 亿只、废铅酸电池产生量约 1.86 亿 kVA·h。电池具有废弃量较大、来源分散、回收渠道较多等特点，而且不同种类电池中含有铅、镉等重金属和钴、锂等可回收资源，需对其回收处理活动开展监管。

本章基于废电池产生量、区域分布、回收和处理设施现状、回收处理成本、风险评估等角度进行分析，提出了废电池回收处理管理对策与建议，以期为环保工作提供支撑。

一、废电池产生量预测及回收潜力

（一）废电池使用领域和产生量

我国锂电池主要应用于电子产品（手机、笔记本电脑、移动电源）、电动车和电动自行车行业，使用寿命约为 4 年；镍氢电池主要应用于混合电动车和家庭用电子产品（包括遥控车、玩具、家用电器、数码摄像机、麦克风、话筒、报警器、测线仪、万用表、无绳电话）等，其中家用比较多，使用寿命约为 3 年；铅酸电池大部分使用于电动自行车、通信和交通运输行业，其中电动自行车铅酸电池量最大，使用寿命约为 2 年。三种废电池产生量呈逐年增多态势。

利用市场供给 A 模型进行预测，2017 年我国废锂电池产生量约为 49.1 亿只、废镍氢电池产生量约为 28.4 亿只、废铅酸电池产生量约为 2.05 亿 kVA·h，到 2020 年分别增至约 67.2 亿只、约 14.3 亿只、约 2.3 亿 kVA·h。

（二）废电池区域分布特征

1. 废锂电池

2013 年我国废锂电池的产生量与废铅酸电池的产生量趋势基本一致。华东地区废锂电池产生量为 7.10 亿只，华北地区为 4.74 亿只，华南地区为 3.94 亿只，西北、东北和西南地区的废锂电池产生量较少，分别为 2.86 亿只、2.09 亿只和 2.06 亿只。

2. 废镍氢电池

2013 年我国华东地区废镍氢电池产生量为 4.22 亿只，华南地区为 4.03 亿只，华北地区为 1.77 亿只，西北、东北和西南地区的废镍氢电池产生量较少，分别为 1.07 亿只、1.18 亿只和 2.04 亿只。

3. 废铅酸电池

据估算，2013 年废铅酸电池产生量大体呈现从东部沿海到西部递减的趋势。华东地区废铅酸电池产生量为 4 966 万 kVA·h，华北地区为 3 313 万 kVA·h，华南地区为 2 752 万 kVA·h，西北、东北和西南地区的废铅酸电池产生量较少，分别为 2 000 万 kVA·h、1 464 万 kVA·h 和 1 442 万 kVA·h。

二、废电池回收处理特点和现状

（一）回收现状

1. 废锂电池

我国废锂电池未进行专门回收，现有废锂电池处理企业的原料基本来自生产企业的报废品或不良品。华北地区、华东地区和华南地区是我国废锂电池产生的主要区域。

废锂电池的处理率约 8%，再使用率约 37%，约 55%处于闲置状态。处理的废锂电池主要来源于生产企业生产过程中的报废品，该部分基本进入正规企业进行再利用，如湖南邦普循环科技有限公司（以下简称“湖南邦普”）主要对生产企业的报废品进行再生，年均处理量在 1.2 万 t 左右，约占我国废锂电池年产生量的 1.7%。再使用的锂电池主要包含废手机电池、笔记本电池及移动电源，经过回收商或二手市场翻新或重新组装后，出售至经济不发达国家或地区被再使用。

2. 废镍氢电池

废镍氢电池的回收率在 5%左右，大部分处于闲置状态。以湖南邦普为例，废镍氢电池主要来自公益回收，且回收率不高，年均处理量为 500 t 左右，不足我国废镍氢电池年产生量的 1%。废锂电池和镍氢电池的回收率低源于回收价值低且在现有的资源化技术水平低，另一方面是电池体积一般较小、产生源分散不易于回收。

3. 废铅酸电池

我国废铅酸电池的回收率在 99%左右，仅有 1%左右被闲置。铅酸电池回收主要由铅酸电池销售店、维修店、汽车 4S 店等进行回收，进入回收体系的废铅酸电池有 40%左右进入正规企业，其他的进入小作坊式的拆解和熔炼厂。

小规模再生与回收利用企业具有技术设备落后、生产规模小、回收率低、能耗高等特点，主要集中于地势平缓、经济起步较早或经济处于中等水平的人口密集地区，例如河南、浙江、四川等地。由于缺乏政府主导的回收体系，废铅酸电池回收和处理过程存在潜在的环境风险。由于废铅酸电池再生有一定的经济利润，一些小作坊以较高的价格收购到废铅酸电池后，在无防护的作业条件下使用简陋的设备再生铅，存在较大的环境隐患。而正规处理企业受此影响，回收货源不充足。

（二）处理设施及布局建议

1. 废锂电池

我国少量的资质企业进行废锂电池回收处理，来源主要为锂电池生产企业产生的报废品。废锂电池处理布局应该充分利用现有相关企业的设备，或者鼓励建设有先进设备和技术的再生厂。鼓励具有资质的处理企业和生产企业积极参与废锂电池的回收。鼓励废锂电池就近回收和处理处置。锂蓄电池废弃量呈现东部多、西部少的趋势，以 2014 年理论废弃量、回收率 30%计算，企业拆解能力 15 000 t/a，需求量约 30 家。

2. 废镍氢电池

我国并没有专门处理废镍氢电池的厂家，在仅有的几家处理废电池的厂家中，基本都是和一次性干电池一起处理。我国废镍氢电池处理布局应主要利用现有企业设施，以解决废镍氢电池问题。但目前我国回收和处理废镍氢电池的厂家并不多，这与废锂蓄电池的现状相似。建议废镍氢电池的处理与废锂蓄电池一起，在同一厂家进行处理处置。

3. 废铅酸电池

我国利用废铅酸电池再生铅的工厂有 300 多家，其中有 2 家企业列入《再生铅行业准入条件》企业名单（第一批）。我国废铅酸电池的处理能力布局应该充分利用现有的处理企业，鼓励其积极改进工艺、减少污染、降低成本，根据回收量设置和调整处理能力。以 2014 年废铅酸蓄电池理论产生量、企业平均处理能力 300 万 kVA·h 计算，处理企业需求量约 53 家。

三、废电池回收处理成本研究

针对废锂电池的回收处理成本测算，企业付费从生产企业等渠道回收后，处理净利润约为 200 元/t；从公益渠道等回收后处理亏损约为 2 300 元/t。若企业同时处理两种不同来源的废锂电池（比例 1∶1），每处理 1 t 企业约亏损 2 100 元。

针对废镍氢电池的回收处理成本测算，由于我国废镍氢电池并未专门回收，在实际公益回收电池中，回收电池种类多样，并且一次性干电池占公益回收电池总量的 95%左右。处理 1 t 废镍氢电池亏损约 5 800 元。企业通常是以回收处理废锂电池盈利来弥补回收处理废镍氢电池和一次性干电池的亏损。

以年处理 10 万 t 的废铅酸电池再生处理企业为例，收集阶段成本主要来源于废电池收购成本、贮存成本和运输成本，再生处理阶段的投入成本主要来自再生设备、辅助材料、燃料动力（电能、煤炭）等，产出主要有铅锭、铅合金、再生颗粒塑料、硫酸等。企业每处理 1 t 废铅酸电池净利润 373 元，按每年处理 10 万 t 核算，年净利润为 3 730 万元。如每年回收到的废铅酸电池数量不足，企业设备费用和厂房费用等会相应增加，导致利润减少，降低企业的积极性。

四、铅酸电池暴露评估及风险评价研究

我国铅酸电池的环境污染物排放主要在生产和再生阶段；在使用、废弃贮存和运输过程中，虽然存在意外破损、发生酸液泄漏等情况，属于特殊事件，不具备普遍适应性。因此，仅对铅酸电池的生产和再生阶段进行风险评估。

（一）生产过程

采用累积风险加和法计算总的非致癌风险，计算铅酸电池生产过程中的日均土壤暴露量、接触水的日均暴露量和大气的日均暴露量（日均暴露水平）及非致癌效应的风险表征值（表 4-6），总的非致癌效应的危险指数为 1 179.48，远远大于 1，表明铅酸电池生产过程中存在非致癌风险。

表 4-6　铅酸蓄电池生产过程污染物的总暴露非致癌风险值

	Co	Ni	Pb	Sb	Cu	Mn	Zn	Cd	Cr
土壤中非致癌效应的风险值/10^{-6}	0.22	10.30	200.11	57.68	10.69	3.24	4.26	5.52	4.26
水体中非致癌效应的风险值/10^{-5}	0.00	9.44	158 585.53	10 518.86	9.31	19 824.00	135 936.00	2.65	143.49
大气中非致癌效应的风险值/10^{-3}	0.28	0.35	1 175 952.00	273.00	0.56	0.42	2.80	1.46	0.71
总暴露非致癌效应的风险值/10^{-3}	0.28	0.45	1 177 538.06	378.25	0.66	198.66	1 362.16	1.50	2.15
非致癌效应的风险识别	无风险	无风险	有风险	无风险	无风险	无风险	有风险	无风险	无风险

生产过程中存在非致癌风险的主要暴露途径为大气，生产企业需重点注意有害物质在气体中的排放，尤其是铅烟、铅尘及酸雾。建议铅电池生产企业采用密闭或负压收集铅烟、铅尘、酸雾，严格控制废气无组织排放。采用累积风险加和法计算总的致癌风险，总致癌

风险为 $0.11\times10^{-6}<10^{-6}$，表明致癌风险不明显，即无致癌风险。

（二）再生过程

采用累积风险加和法计算总的非致癌风险，总的非致癌效应的危险指数为 4.92×10^{-4}，小于 1（表 4-7）。

表 4-7 铅酸蓄电池再生过程污染物在土壤中的浓度、暴露剂量及非致癌风险值

土壤	Co	Ni	Pb	Sb	Cu	Mn	Zn	Cd	Cr
浓度/（mg/kg）	0.000 1	0.000 6	16.3	0.12	0.003 9	0.031	0.002 9	0.000 14	0.001 2
日均暴露剂/[mg/（kg·d）]	0.000 5	0.002	67.156	0.494	0.016	0.128	0.012	0.001	0.005
非致癌的剂量-反应关系/[mg/（kg·d）]	0.03	0.02	0.001 4	0.000 4	0.037	0.14	0.3	0.000 5	0.003
非致癌效应的风险值/10^{-8}	0.015	0.117	47 968.6	1 236.00	0.434	0.912	0.040	1.154	1.648
非致癌效应的风险	无风险	无风险	无风险	无风险	无风险	无风险	无风险	无风险	无风险

总的来说，铅酸蓄电池再生过程的土壤暴露途径未发现正规的再生铅过程存在非致癌和致癌风险。但是对比生产过程土壤中总的非致癌效应的危险指数为 2.96×10^{-4}，再生过程土壤中总的非致癌效应的危险指数为 4.92×10^{-4}，显然高于生产过程中危险指数，由此可推出，再生过程中大气的非致癌风险要高于生产过程相应的可接受风险水平。这就要求再生企业同样需重点注意有害物质在气体中的排放，尤其是铅烟和铅尘。

五、我国废电池管理建议

第一，针对废锂电池和镍氢电池，推广建立废锂电池和镍氢电池的自愿回收体系，在公共场所设置方便的回收箱，由处理企业定时定点回收处理；推行废锂电池和镍氢电池的集中回收、利用、处置，建立规模化、规范化和专业化的处理设施；鼓励企业研发废锂电池和镍氢电池资源化技术，设置相关财税补贴政策，鼓励资源再生利用。

第二，针对废铅酸电池，加强铅酸电池销售店、维修店、汽车 4S 店等废铅酸电池维修、回收等环节的监管，规范个体商贩废铅酸蓄电池回收和处理行为，确保废铅酸电池流向正规的处理企业；尽快发布强制回收目录，采取生产者责任延伸制度，明确生产企业（进口商）的回收责任，督促企业在设计和制造环节充分考虑产品回收时的便利性和可回收率；鼓励生产企业通过其零售网络开展废铅酸电池回收，支持生产企业、销售企业、专业回收企业和再生铅企业共建回收网络。严格实施《铅蓄电池行业准入条件》和《再生铅行业准入条件》，严厉打击非法拆解和土法炼铅等行为。

（李金惠、刘丽丽、董庆银，巴塞尔公约亚太区域中心）

第十九章

我国废旧手机回收处理管理对策

根据工信部统计，2014 年，国内手机市场累计出货量为 4.52 亿部。随着技术发展和市场竞争激烈，消费者对手机功能和外观的需求提高，进一步缩短了手机更换周期；智能手机的出现加剧了手机产品的更新换代。手机更换周期已从 3～5 年逐渐缩短为 18 个月，手机行业的高速发展和更新换代的加剧，致使旧手机大量报废。废旧手机具有来源分散、回收价值高等特点，加之消费者观念、回收渠道、处理技术及经济成本等因素的限制，大量废旧手机未能得到有效处理。

本章基于废旧手机产生量、回收特点和流向、回收潜力、处理技术与设施、生命周期影响评价等进行分析，提出了废旧手机回收处理管理对策与建议。

一、废旧手机产生量预测及回收特点和潜力

（一）废手机的产生量

基于 1998 年至 2009 年的数据，采用 Gompertz 曲线对我国手机表观销售量和移动通信在网用户数分别进行预测，然后应用“销量—新增用户数模型”预测废旧手机产生量。预测结果显示，我国废旧手机产生量逐年增加，从 2010 年的 8 318 万部增至 2025 年的 3.55 亿部。

（二）废手机回收特点

废旧手机回收渠道主要包括个体流动商、二手回收商、手机经销商及手机维修商回收。个体流动商贩回收的手机主要出售至二手商品店铺，部分转售给个人，剩余废旧淘汰老式机型多作为电子废物销售；销售商、维修商和二手回收商回收来的手机主要作为二手商品直接转售或经过维修、翻新后销售，部分手机拆解后用于维修，废旧淘汰老式机型多作为电子废物销售；也有部分二手商直接将回收来的手机运往深圳、广州等地进行销售或者处理。

以北京市中关村区域为例，二手手机回收量通常因季节而产生变化，一般而言，2 月、

3月、4月、8月、9月、10月为回收旺季，平均每个手机回收商每天回收20～30部废旧手机，其余月份为回收淡季，每天回收10部左右甚至更少。

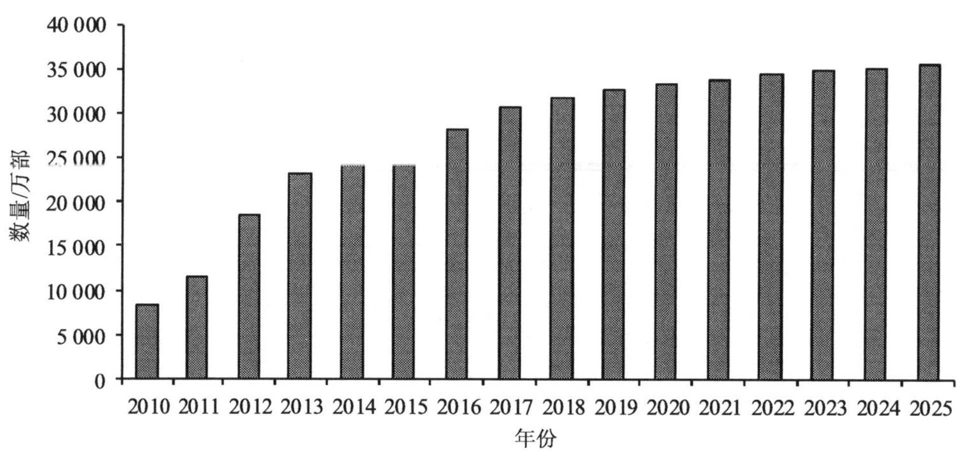

图4-2　2014—2025年我国手机废弃量

（三）废旧手机回收流向分析

居民更换手机的频率1～2年或者2～3年的较多，约占总数的71%，更换手机的主要原因为手机的功能不稳定，手机易出故障或者手机过于陈旧；有部分人群手机更换频率在3年以上，这类人群中多为年纪较大的人，更换手机的原因多数为超过使用年限或者手机完全损坏；有3%的人更换手机的频率较快，半年以内就更换一次手机，这两类人更换产品的主要原因为新产品功能好或手机丢失等。

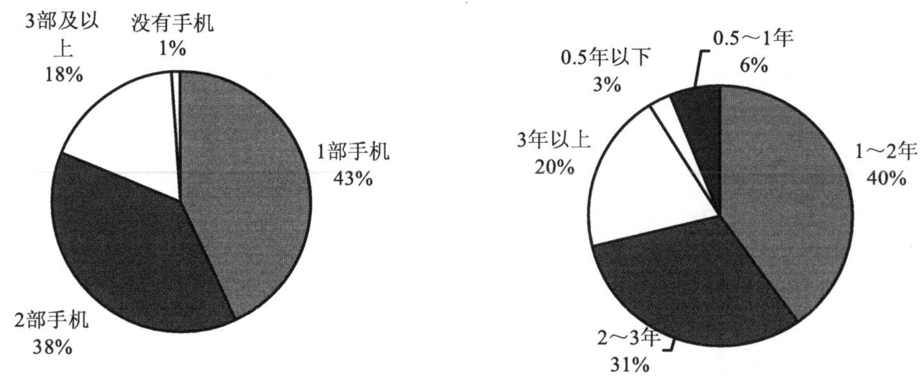

图4-3　居民使用手机的情况及更换频率

除个人信息的安全问题外，居民对废旧手机的回收价格也比较关心。完全废弃手机的回收价格（图 4-4），45%的人选择了 30～50 元；有 12%的人认为完全废弃的手机就是废品，10 元以下也可以接受；也有 16%的人不关心价格，希望有专门的回收渠道。居民普遍的心理价位较高也是不愿低价出售废旧手机而将其闲置在家的主要原因之一。

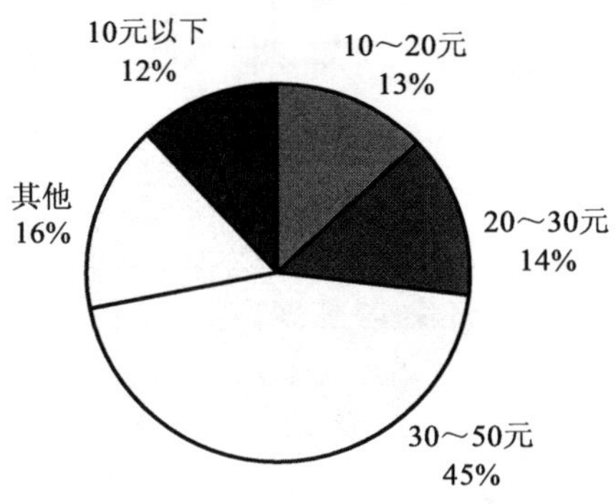

图 4-4 废弃手机回收居民心理价格

我国居民手机废弃后的流向为：闲置占比 49.0%，赠与或捐献占比 23.0%，出售占比 12.8%，参与商家的以旧换新活动占比 5.2%，交至无偿的回收活动占比 1.5%，随生活垃圾处置占比 7.3%，其他为 1.2%。可以得知，我国产生的废旧手机有半数左右被闲置，近三成通过各种途径进入整机再使用阶段，只有 1/5 进入回收体系。其中大部分流向集中在广东汕头、深圳等地的手机拆解作坊，只有少部分进入正规拆解企业进行处理处置。

（四）废旧手机回收潜力分析

电子废物中的资源按照资源的丰度以及经济价值可分为 3 类：首先是金、银、钯、铂等贵重金属，其次是铜、铝、锡等有色金属，然后是钢铁、塑料、玻璃等材料。虽然废手机的单位重量最小，但是产生量最多，加之其较高的资源丰度，具有巨大的资源回收潜力。以 2014 年手机废弃量计算，金、银、钯、铂 4 类贵重金属的回收潜力分别为 1.84 t、3.09 t、1.14 t、0.62 t，铜的回收潜力为 3 180.89 t。

二、废手机拆解处理技术与设施

（一）正规企业

伟翔环保科技发展（上海）有限公司具有废手机拆解线，来源主要为国内手机制造商的维修品与库存、运营商与零售商通过活动收集的废手机，年均处理量在 250 万部左右。现有废弃手机拆解工位 16 个，每个拆解工位上的工人每天工作 8 个小时，可拆解手机 800～1 000 部；分离电路板与电子元件的机器每天可处理手机电路板 5 000～8 000 块。

废手机拆解采用单工位作业，每个工位的工作人员负责将完整的手机拆解成外壳、屏幕、电路板、金属材料等并分类，金属和塑料材料分别直接进入材料再生环节或者对外销售；电路板与表面附着的电子元器件通过加热机器分离，然后分别进入再生流程回收金、银、铜以及其他金属材料；电路板的基板材料部分用于制造再生产品，剩余部分委托第三方企业进行处置，再生利用比例不明；屏幕、材料再生残渣与不可再生材料一起进入最终处置。

（二）拆解作坊

贵屿地区具有废手机拆解作坊，按照其现有拆解流程，一部手机的完全拆解需要 6～7 人，构成一条松散的流水线。该作坊具有流水线 8～10 条，每部手机的处理时间为 15～30 s，假设每个工人每天工作 10 个小时，可拆解手机 0.96 万～1.8 万部。元器件再使用是拆解作坊的主要利润，所以废手机电路板精细拆解是拆解作坊最重要的生产环节。每块废弃手机电路板的精细拆解需要耗时 15～45 s。有些设计复杂或者可再使用元器件较多的电路板的精细拆解需要 2～3 个人的配合。

没有整机再使用价值的废手机，进入拆解作坊后直接进入拆解流程，拆解工作采取流水线作业，在采取冲压设备破坏外壳后除去后盖、电池，然后用螺丝刀等工具将废手机的剩余部分拆开，屏幕、听筒、话筒、金属材料、塑料结构和电路板等分类存放。

三、废旧手机回收处理生命周期影响评价研究

分析正规企业和拆解作坊两种不同情景下废旧手机回收处理的环境影响：全部材料再生情景（Materials recovery scenario，MRS），该情景中废弃手机从北京批量运往上海的正规处理企业进行处理处置，运输距离约 1 000 km，主要经过人工拆解，辅以机械加热分离后全部进行材料再生，材料再生过程产生的残渣和不可再生材料最终通过填埋形式加以处置；元器件再利用+材料再生情景（Components reuse scenario，CRS）：该情景中废弃手机从北京批量运往广东省汕头、深圳等地，运输距离约 2 000 km。经过深度人工拆解后，部分具有再利用的价值的元器件进入再使用环节，其余部分进行材料再生。材料再生过程产生的残渣和不可再生材料通过露天焚烧或者直接弃置的形式加以处置。

生命周期评价结果显示，两种情景的环境影响均为负值，表示材料再生和元器件再使用避免了原生资源开采和生产过程中的环境影响，带来了正的环境效益。现有国内废手机的废物处理处置策略中，CRS 情景由于部分元器件再使用而表现略好。

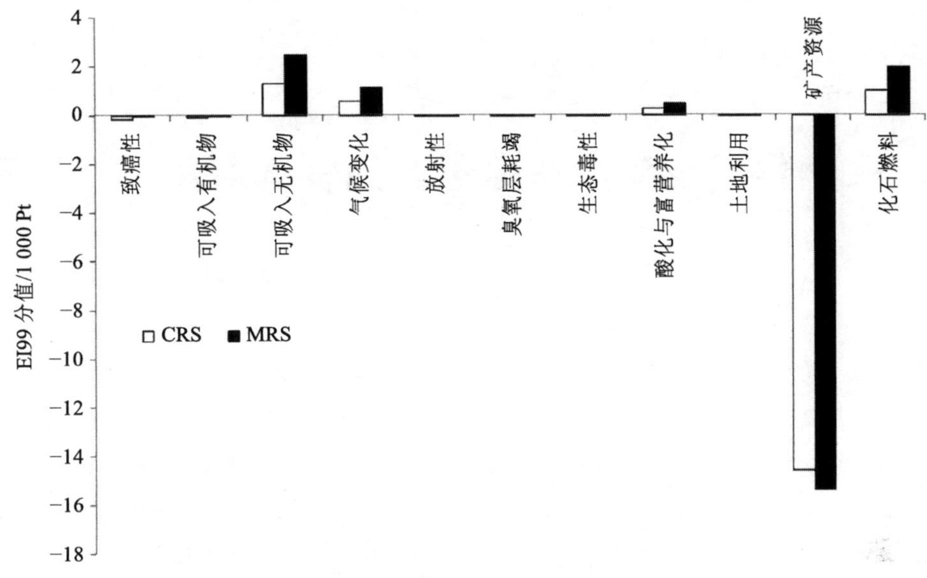

图 4-5　不同情景下废弃手机生命周期环境影响类型

四、我国废旧手机管理建议

第一，废旧手机纳入《废弃电器电子产品处理目录》管理后，建议研究废手机回收处理成本，为处理补贴提供支撑；制订废手机处理技术规范和处理设备要求。

第二，研究促进废旧手机回收的激励机制，引入生产者责任延伸制度，将生产企业纳入废手机回收处理体系，利用其销售、维修等渠道，开展逆向物流回收研究。

第三，加强拆解产物的下游处理企业的相关活动监管；制订废旧手机维修、翻新及元器件再利用规范，加强废旧手机的维修、翻新等活动的监管。

（李金惠、刘丽丽、董庆银；巴塞尔公约亚太区域中心）

第二十章

我国废弃电器电子产品管理对策

2012年7月，《废弃电器电子产品处理基金征收使用管理办法》（财综[2012]34号）正式实施。根据该办法，环境保护部和各省（区、市）环境保护主管部门应当建立健全基金补贴审核制度，通过数据系统比对、书面核查、实地检查等方式，加强废弃电器电子产品拆解处理的环保核查和数量审核，防止弄虚作假、虚报冒领补贴资金等行为的发生。据统计，2012年7月至2014年12月，处理企业共规范拆解1.17亿台废弃电器电子产品，补贴基金总额约97.2亿元。废弃电器电子产品处理基金对回收处理费用进行补贴，提高了处理企业的积极性。截至2015年8月，共有109家废弃电器电子产品处理企业列入基金补贴名单。

本章基于废弃电器电子产品回收渠道、处理成本、污染控制成本、处理基金对行业的影响等角度进行分析，提出了废弃电器电子产品管理的对策与建议。

一、废弃电器电子产品回收渠道分析

家电“以旧换新”政策结束后，我国现有废弃电器电子产品回收渠道包括传统小商贩回收、旧货市场回收、家电维修网点回收、生产商和经销商的“以旧换新”、生产企业回收、处理企业回收、政府部门和事业单位统一回收、搬家公司回收及商务部社区网点回收等。

（一）个人回收

1. 小商贩回收

我国城市基本都有专门收购废旧物资，同时也收购废电器电子产品的小商贩，也有专门收购废电器电子产品的小商贩。回收的特点是流动性和分散性强，收集工具包括三轮板车、小货车、面包车，各自一般有固定的收集区域，收集方式是收集区域流动、上门收购。

2. 旧货市场回收

旧货经营业主在旧货市场设有专门的柜台，从事废旧产品的回收、维修、组装、出售经营。回收特点是固定场所收购和分散性，并且把有价值产品长期贮存在店内用于维修组装，再销售给消费者，无利用价值的整机或部件最终出售给废品收购商。

3. 搬家公司回收

相当一部分搬家公司在从事搬家服务的同时，也收购电子废物。回收来的废旧产品，一般送到二手市场销售以获取利润。

（二）企业回收

1. 处理企业回收现状

废弃电器电子产品处理企业主要通过 6 种方式回收废弃电器电子产品。一是同销售企业合作回收，部分处理企业仍然与家电“以旧换新”销售企业及回收企业继续合作。二是处理企业通过自建回收网点回收。三是处理企业直接从电器电子产品生产企业回收。四是部分处理企业作为政府事业单位报废设备的指定处理点。五是处理企业通过小商贩回收电子废弃物。六是部分处理企业通过建立网站促进废弃电器电子产品回收。

2. 电器电子产品生产企业回收现状

电器电子产品生产者主要是通过销售或维修网点、售后服务机构回收电子废物。生产企业主要是与渠道销售服务商合作，消费者将废旧产品交给销售商或指定服务点，再以优惠的价格购买同品牌的新产品。

3. 销售商“以旧换新”回收

家电经销商一般受二手家电经营者或者厂家的委托，开展“以旧换新”活动，这种活动同时也是商家促销新家电的手段。

4. 政府机关和事业单位统一交投

近年来部分国有单位，如大学、机关、事业单位、大型国有企业等淘汰更新的电子废物实行统一交投给有资质的处理及资源再生企业集中处置。

二、废弃电器电子产品处理成本分析及估算

（一）废电视机处理成本构成及估算

根据调研分析，处理企业处理成本主要包括厂区及装修费用、设备购置及安装费、折旧和摊销费、年维护和检修费用、产品回收成本、人力成本、动力消耗、管理费用、废物处置费、销售费用、赋税和财务费用以及销售收入等。2013—2014 年，我国废电视机的处理量约占 90%，经过对我国 4 个地区典型企业处理成本调研计算，不同地区处理企业的处理成本为 41.9～79.3 元/台。

以废电视机为例，目前企业处理废电视机的处理成本主要集中在回收成本，其比例均在 60%以上；其次为赋税、财务成本，约 10%；人力成本由于所在地区人均工资不同，所占处理成本的比例不尽相同，变化范围为 3%～10%；折旧和摊销费所占比例较低，在 5%

左右；动力费用和废物处置费所占比例最低，均都在1%以下。

造成不同地区处理企业废电视机处理成本相差较大的原因，一方面是回收成本不同，另一方面是各地区不同的人力成本造成的差异。另外，由于企业投资规模、设施购置等不同，废电视机的处理成本也会有差别。在相同投资规模下，随着处理量的增加，平均至每台废电视机的维护和检修费、折旧和摊销费用也会降低，处理成本随之降低。

（二）废电视机污染控制成本构成及估算

1. 污染控制成本构成因素

根据分析，企业污染控制成本主要包含以下三方面，一是污染预防成本，即企业为降低污染物排放发生的成本，包括厂房摊销费、设备折旧费、维护检修费、原料费、动力费、人工费等；二是污染物处置成本，即企业产生污染物后为消除污染、改善环境发生的成本，包括污染物的处置费、排污费支出等；三是损失成本，即企业因为环境保护中出现过失而遭受损失的成本，但由于损失成本具有随机性和不可预见性，故在此研究中不予考虑。

电视机、计算机处理过程中污染预防成本主要涉及：①厂房和设备投入；②原料费用；③动力成本；④人力成本。污染预防主要涉及：①粉尘污染控制；②噪声污染控制；③废渣污染控制。污染物处置主要包括：①粉尘、荧光粉和失效吸附剂；②含铅锥玻璃、清洗残渣及碎玻璃渣；③电路板/非金属组分。

2. 关键拆解产物不同处理情形下污染控制成本估算

废电视机和计算机拆解产生的锥玻璃和电路板等关键拆解产物，由于存在不同的处理处置方式，对污染控制成本造成不同的影响。

（1）锥玻璃和电路板均作为有价材料出售

在此情形下，废电视机/计算机处理的污染控制成本约为1.7元/台，其处理成本为42～75.6元/台，污染控制成本占总成本的比例为2.2%～4.0%。

（2）锥玻璃作为危险废物处置、电路板作为有价材料出售

经计算可知，废电视机/计算机处理的污染控制成本约为 3.0 元/台，其处理成本为49.6～83.2元/台，污染控制成本占总成本的比例为3.6%～6%。

3. 污染控制成本核算结果分析

根据以上计算，污染控制成本占处理成本的2%～6%，所占比例较低。经初步分析，造成该比例较低的原因主要有以下几方面：一是准确核算污染控制成本涉及的厂房、设备、人力等支出比较困难，二是企业仅根据相关规定开展年度监测而未开展日常监测，三是企业监测污染物排放时只考虑常规污染物排放而未考虑处理过程中的特征污染物监测，四是现有污染设施运行情况不易监管。

三、废弃电器电子产品处理补贴基金对行业发展的影响

根据《废弃电器电子产品处理基金征收使用管理办法》（财综[2012]34 号）及最新调整的分档补贴费率，企业每拆解一台废电视机，基金补贴 60 元或 70 元（表 4-8），而企业废电视机的回收成本为 72～88 元/台，即企业拆解获得的基金补贴不能抵消回收成本，可能会引发电视机处理量的降低，将其他类型废弃产品的处理比例提升，也可能促使处理企业研究降低回收成本的方式和措施。另外，在扣除回收成本后，处理企业用于拆解处理技术升级及污染控制设施改造等的能力和意愿较低，不利于拆解处理企业的可持续发展和环境保护。另外，在现有的基金补贴标准的水平上，将处理基金的管理成本计算在内，部分企业将处于亏损状态。

表 4-8 废弃电器电子产品处理基金征收标准和补贴额度

种类	征收标准/（元/台）	补贴标准/（元/台）（与原标准相比）		
		补贴标准	备注	
电视机	13	14 寸及以上且 25 寸以下阴极射线管（黑白、彩色）电视	60（下调 25）	14 寸以下阴极射线管（黑白/彩色）电视机不予补贴
		25 寸以上阴极射线管（黑白、彩色）电视机、等离子电视机、液晶电视机、OLED、电视机、背投电视机	70（下调 15）	
电冰箱	12	冷藏冷冻箱（柜）、冷冻箱（柜）/冷藏箱（柜）（50 L≤容积≤500 L）	80（不变）	容积＜50 L 的电冰箱不予补贴
洗衣机	7	单桶洗衣机、脱水机（3 kg＜干衣量 10 kg）	35（不变）	干衣量小于等于 3 kg 的洗衣机不予补贴
		双桶洗衣机、渡轮式全自动洗衣机、滚筒式全自动洗衣机（3 kg＜干衣量≤10 kg）	45（上调 10）	
房间空调器	7	整体式空调器、分体式空调器、一拖多空调器（含室外机和室内机）（制冷量≤14 000 W）	130（上调 95）	—
微型计算机	10	台式微型计算机（含主机和显示器）、主机显示器一体形式的台式微型计算机、便携式微型计算机	70（下调 15）	平板电脑、掌上电脑补贴标准另行制订

废弃电器电子产品处理基金制度运行后，提升了处理企业的积极性，有效促进了行业的发展，最大限度促使废弃电器电子产品流向正规处理企业进行处理。处理基金补贴对于建立促进废弃电器电子产品回收处理的长效机制具有重要意义，不仅有利于推动生产者承担相应的废弃电器电子产品回收处理责任，而且可以支持处理企业实现产业化经营，调动生产者、回收经营者和处理企业等各方面参与废弃电器电子产品回收处理的积极性，形成

电器电子产品从生产、销售到回收、处理的良性循环机制。

四、我国废弃电器电子产品管理建议

第一，完善废弃电器电子产品处理过程污染物监管指标和排放标准，制订废弃电器电子产品处理过程污染控制成本核算指南，推动处理企业开展污染控制成本核算。

第二，开展缺少关键部件的废弃电器电子产品处理环境影响评估，研究该类废弃电器电子产品的基金补贴建议；开展企业处理补贴基金的税收减免和优惠政策，降低企业税负。

第三，敦促企业制订监测计划，并开展日常环境监测活动。推动建立废弃电器电子产品处理污染物排放的实时自动监测系统。严控废弃电器电子产品回收环节的环境污染，加强拆解产物的下游处理企业的相关活动监管。

第四，将生产企业引入废弃电器电子产品回收处理流程，利用生产企业的销售维修渠道，有效规范回收渠道，建立回收处理伙伴关系，形成废弃电器电子产品产生到处理的无缝链接，降低回收成本。

（李金惠、刘丽丽、董庆银；巴塞尔公约亚太区域中心）

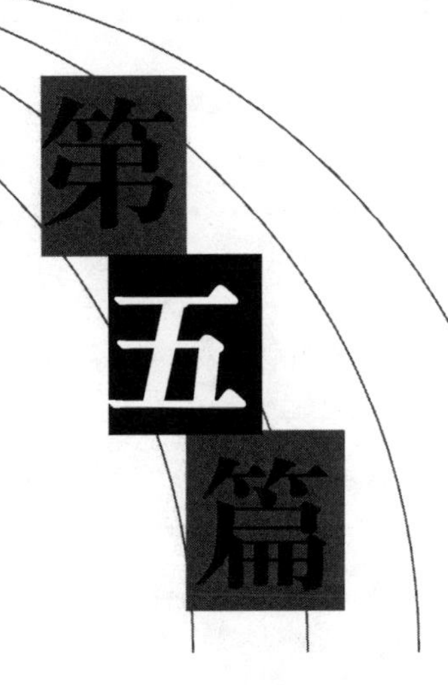

第五篇

其他废物管理

第二十一章

我国城市矿产开发利用潜力、问题和管理建议

"城市矿产"是废旧资源再生利用规模化发展的形象比喻。因其量大面广，增长迅速，价值较高，社会影响面大，具有特殊的资源化价值，城市矿产开发利用的价值也逐步凸显。城市矿产开发利用以开发城市废物中的各类可回收利用资源为目的，为解决我国面临的资源和环境问题提供了有效的解决方案。在我国坚持绿色发展，加快生态文明建设和资源节约型、环境友好型社会建设，建设美丽中国的背景下，开发利用城市矿产在应对气候变化、缓解资源约束和环境压力、培育新的经济增长点、实现循环经济运行模式等方面均具有重要的战略意义。

本章从我国城市矿产的开发现状着手，重点分析了我国城市矿产开发利用的潜力，讨论了当前城市矿产开发利用过程中面临的问题，最终提出了未来推动我国城市矿产有效开发利用的管理建议，以期促进我国城市矿产的发展。

一、我国发展城市矿产开发现状和潜力

（一）我国城市矿产开发回收现状

目前，城市矿产开发利用产业已成为全球发展最快的产业之一，蕴含着无限商机。从全球再生资源行业的市场规模来看，2010 年发达国家城市矿产（再生资源）产业规模已达 1.8 万亿美元。在今后的 30 年内，其规模将超过 3 万亿美元。同时，各国城市矿产加工业发展加快。以再生金属业发展为例，目前西方发达国家的再生金属产量占总产量的 40%～70%，废金属的平均回收率（指回收量占总消费量的比重）为 40%～50%，废钢铁为 60%～70%，废铜为 60%。

城市矿产的开发利用能够带来巨大的社会、环境和经济效益。目前，我国城市矿产相关的再生资源回收企业有 6 700 多家，已登记注册回收网点 23 万个，未登记注册或临时的回收网点有近 60 万个，回收加工处理厂 5 300 多家，从业人员 190 万人。2014 年，我国废钢铁、废有色金属、废塑料、废轮胎、废纸、废弃电器电子产品、报废汽车、报废船舶、废玻璃、废电池等 10 大类主要城市矿产种类开发回收总量达到 2.45 亿 t，实现产值 6 446.9

亿元，具体见表5-1。

表5-1 我国城市矿产回收量和产值

序号	项目	2013年		2014年	
		回收量/万t	产值/亿元	回收量/万t	产值/亿元
1	废钢铁	15 080	3 392.6	15 230	3 122.15
2	废有色金属	666	1 131.2	798	1 324.68
3	废塑料	1 366.2	888	2 000	1 100
4	废纸	4 377	744.1	4 419	616
5	废轮胎*	375	75.8	430	68.8
6	废弃电器电子产品**	263.8	69.8	313.5	78.4
7	报废汽车***	274.4	11.4	322	21.8
8	报废船舶****	52	60.4	109	66
9	废玻璃	849	28.87	855	25.7
10	废电池（铅酸除外）	9.3	19.2	9.5	19.8
合计		23 307.5	6 421.4	24 470.6	6 446.9

注：*2013年、2014年废轮胎翻新回收量均为50万t，废轮胎再利用回收量分别为325万t、380万t；

**从数量上计，2013年、2014年废弃电器电子产品回收量分别为11 430万台、13 583万台；

***从数量上计，2013年、2014年报废汽车回收量分别为187.5万辆、220万辆；

****从数量上计，2013年、2014年报废船舶回收量分别为65艘、142艘。

数据来源：商务部统计数据。

其中，废钢铁在我国城市矿产开发利用产业中居主导地位，2014年我国废钢铁利用量占当年粗钢产量的10.7%。我国是有色金属的生产和消费大国，2014年国内主要废有色金属回收量约为798万t，占再生金属原料供应量的60%以上，其中废铜回收量约为135万t，废铝回收量约为370万t，废铅回收量约为160万t，锌回收量约为133万t。

（二）我国城市矿产开发潜力

在500种主要工业品中，我国有220个品种产量居全球第一位。2014年，我国家用电冰箱、空调、洗衣机、计算机和彩电的产量分别为9 337万、1.57亿、7 114万、3.51亿和15 541万台。2014年，我国粗钢产量82 270万t，全球第一。汽车产量由2005年的570.49万辆跃升到2014年的2 372万辆，同比增长7.3%。我国已经超美国成为全球制造业第一大国。2014年，我国塑料制品产量7 387万t，轮胎产量5.62亿条。我国有色金属产量已经连续10年居全球第1位，2014年，我国10种有色金属产量达到了4 417万t，同比增长7.2%。作为世界人口大国，随着我国电器、电子产品、汽车和工程机械等产品进入报废高峰期，城市矿产的储量呈逐年增长态势。据统计，我国每年至少有1 500万台家电和上千万部手机进入淘汰期，汽车年报废量将超过1 400万辆。如此巨大的城市矿产资源正源源不断地从国民经济的各个领域和社会生活的各个层面上涌流出来，构成了我国城市矿产开发巨大的物质基础。

（三）城市矿产回收潜力

根据我国当前城市矿产的回收发展情况，对我国未来城市矿产主要种类的回收量进行预测，结果如图 5-1 所示。从图 5-1 可知，未来我国城市矿产的开发利用仍将保持快速的增长。到 2020 年，废钢铁回收量将达到 1.3 亿 t，废弃电器电子产品的回收量也将超过 1.7 亿台。相比于我国城市矿产巨大的回收潜力，我国城市矿产示范基地当前的处理能力仍远不能满足城市矿产资源的开发利用（根据各城市矿产示范基地的设计能力估算）。为了更有效地对城市矿产资源进行回收利用，未来应该建立更完善的资源收集和运输体系和更足够的城市矿产加工处理能力。

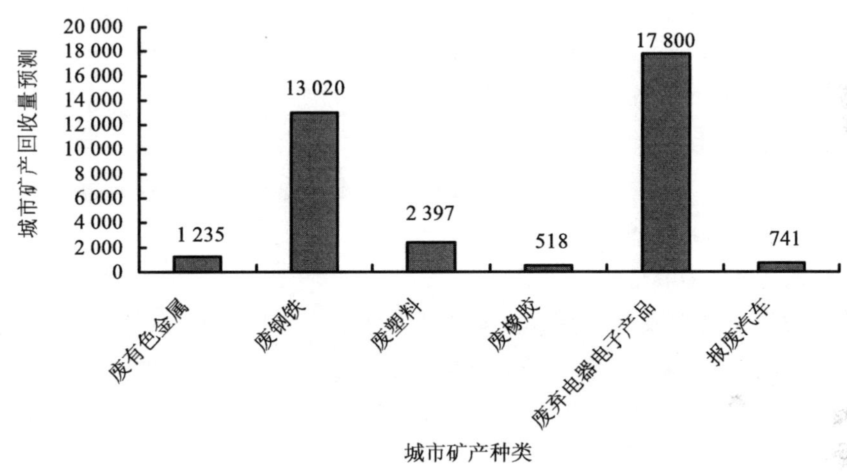

图 5-1　2020 年我国主要城市矿产种类回收量预测

注：废钢铁回收量数据主要是大型钢铁企业的数据；报废汽车和废弃电器电子产品回收量单位为万台，其余均为万 t 。

二、我国城市矿产开发利用存在的主要问题

面对如此巨大的城市矿产开发潜力，我国城市矿产开发利用仍处于起步阶段，存在着政策法规不完善、实施方案落实不到位、市场缺乏合理规划、回收渠道和商业模式缺失、社会力量支持以及监管政策具体机制缺位等问题。

1. 政策法规不完善，实施方案落实不足

宏观政策方面，城市矿产和再生资源产业在国民经济发展中的定位长期没有明确，行业凝聚力与生产服务能力弱，缺乏有效的产业政策与市场调控手段。产业与融资市场均缺乏良好的商业模式和运营监管机制。

具体法规制度方面，相关部门编制的《城市矿产示范基地实施方案》的可操作性尚有

一定的欠缺；生产者责任延伸制度（EPR）政策规定缺乏可操作性，实施细则的配套程度不足；问责机制的力度不足，法律责任追究范围较窄，除了生产者，销售者、消费者、回收者等责任相关方未明确或缺乏强制性。

2．缺乏长期稳定的财税政策

地方政府对循环经济产业基地建设的支持主要体现在宣传和引导层面，而在鼓励循环经济产业基地发展的财税、金融优惠等方面的政策还存在一定缺失，相关激励机制也不够健全。

3．“城市矿产”示范基地建设缺乏合理规划

再生资源加工园区多头管理，环保部门推动建立进口资源加工园区、商务部开展城市再生资源回收体系试点，各部门政策衔接不足，使得再生资源产业链条上的回收拆解、加工利用等环节脱节严重。除了已批准建设的城市矿产示范基地外，许多地方盲目投资建设大量新的加工园区，同类项目重复建设，缺乏科学规划，造成区域内产能结构性过剩，土地和设备浪费严重，不利于加工园区和交易市场健康发展。

此外，我国城市矿产示范基地申请过程中，发现许多地方还处于规划当中就申报了国家城市矿产示范基地，违背了我国城市矿产示范基地工作推动的初衷。城市矿产示范基地要具备一定基础，在此基础上满足相应的条件和要求，才能起到示范作用。

4．再生资源回收渠道商业模式缺失

广泛分布于家庭的废旧商品的回收困难重重，大部分回收渠道被走街串巷的游商小贩占据，非法小作坊式生产遍地开花，正规处理企业却难以获得这些资源。同时，我国的垃圾分类推行不力，直接导致收购层次低、分类不细，使得资源回收成为阻碍行业发展的最大难题。

目前，信息化手段正在逐步应用在城市矿产开发利用中，但成熟的商业化运营模式尚未形成，主要盈利点尚不清晰。已有平台涵盖城市矿产资源的种类有限，重视在城市矿产产业链前端（即回收环节）的应用，而对在其中后端（即拆解、粗加工、循环再造）的应用关注不够，缺乏针对整个产业链的整体应用设计。

5．社会力量支持城市矿产开发利用的具体机制缺位

城市矿产开发利用的参与主体非常广泛，不仅包括政府有关部门和相关机构，还应当包括企业、社区、家庭、中介组织和个人。充分发挥社会上其他力量的主体性，减轻政府自身实施城市矿产开发利用政策的负荷，培养企业、社区、家庭、中介组织和个人参与的积极性，调动各种社会资源，形成规范、健全的多个参与主体的管理体系，使得多个参与主体一方面在政策实施过程中能够切身体会到政府的努力和困难，另一方面能够主动参与并帮助政府实现城市矿产开发利用政策价值。

6．竞争环境不完善，企业发展面临威胁

近年来，我国再生资源回收和再生利用企业竞争越来越大。城市矿产加工园区之间、与园区之外的企业的竞争逐年加剧，甚至可能遭遇不规范企业的恶性竞争。部分涉及生产

性废品废料、废金属及其他废旧物资的经营需要凭借有效许可证，有的地方出现相关经营许可证的倒买倒卖现象。同时，园区内废旧资源回收产业的市场机制尚不完善，不利于培育入驻园区的大型企业。

三、我国城市矿产开发利用管理建议

第一，加强各部门分工合作，统筹协调。针对城市矿产的不同种类及其特性，建立城市矿产开发利用和环境管理的联动机制，进一步完善城市矿产开发利用相关部门领导与协调机制，明确专门机构和人员，建立部门协调机制，明确责任，形成工作合力。充分发挥行业协会的桥梁和纽带作用。

第二，建立并完善生产者责任延伸制度。建立生产者责任制相关制度，完善配套政策和细则，明确电子产品生产者、销售者、消费者、回收者等责任相关方的法律责任。引导生产者设计制造再利用产品，鼓励产品再制造，鼓励生产者参与电子废物处理和综合利用，在符合生产者进入电子废物处理行业须满足电子废物处理行业相关要求的前提下，优先生产者的许可。制订绿色产品税费减征政策，完善现有废弃电器电子产品处理基金征收补贴政策。探讨鼓励城市矿产开发企业发展的财政优惠政策。

第三，支持地方政府因地制宜推动城市矿产示范基地建设。通过国家层次城市矿产示范基地的建设，树立各地城市矿产基地的样板，对地方工作的开展具有较好的带动作用。国家城市矿产示范基地只是对我国城市矿产的开发利用起到带动和示范作用，并不能完全解决我国的城市矿产开发。如表 5-2 所示，我国示范基地处理能力中有色金属最高也才达到 28.83%，因此推动地方政府因地制宜开展城市矿产示范基地建设有着重大的意义。我国是一个发展中的大国，区域与区域之间、城市与城市之间经济发展水平差距大，目前还找不到一个同一层次的城市矿产模式在全国推广。因此，分析区域发展状况和经济特色，因地制宜，探究适合当地的城市矿产工作模式是非常必要的。

表 5-2　我国城市矿产示范基地处理能力和生产量对比

种类	钢铁（粗钢）	有色金属（10 种）	塑料（初级塑料）	电子产品（四机一脑）	汽车
2012 年生产量*	72 388	3 691	5 331	102 022	1 927.62
基地处理能力*	1 137	1 064	599	7 070	178.00
基地处理能力所占比例/%	1.57	28.83	11.24	6.93	9.23

注：*电子产品单位为万台；汽车单位为万辆；其余单位均为万 t。

第四，完善城市矿产示范基地的年度考核制度。通过制订城市矿产示范基地的具体技术、经济和环境考核指标，对已建立的城市矿产示范基地的建设情况、运行情况进行年度考核，对未达到考核要求的城市矿产示范基地列入淘汰名单。也可留出空间给省级或地方城市矿产开发利用较好的园区作为国家城市矿产示范基地，从而带动省级和地方园区对于城市矿产开发利用的积极性，最终推动我国城市矿产的整体发展。

第五，将再生资源回收利用设施建设纳入城镇建设发展规划。重点是进行“三网”“三场”建设。“三网”即回收网、物流网、电子交易网；“三场”即再生资源交易市场、再生原料交易市场、再生产品交易市场。充分利用、整合现有回收渠道，统一规划、合理布局、规范建设，以定时定点收购、预约收购、网络收购等方式，建立回收网；整合现有资源，建立起现代化的物流企业，高起点规划建设物流网；建立起城市矿产电子交易网，及时发布市场供求信息、价格动态和政策法规信息，努力实现资源集散网络化。建立起以社区回收站点和分拣中心为基础、交易市场为核心、加工利用为目的的再生资源回收网络体系。

第六，加强城市矿产开发利用的宣传教育。加强城市矿产开发利用宣传教育工作，提高政府、普通居民和拾荒者参与城市矿产开发建设的积极性，调动各种社会资源，形成规范、健全的多个参与主体的管理体系。学校、媒体和公共团体都应负起开发利用城市矿产宣传教育的责任，提倡绿色消费、减少资源浪费和废物产生。

四、总结

城市矿产开发利用是发展循环经济的物质基础，为解决我国面临的资源瓶颈和环境保护问题，提出了一条可持续的发展道路。经过几年的快速发展，我国城市矿产已经取得了一定的成就，但同发达国家相比，我国城市矿产资源的开发利用尚处于快速发展阶段，城市矿产资源开发基础设施的建设能力也未同我国拥有的巨大城市矿产资源储量和开发潜力相匹配。随着我国经济和人们生活的快速发展，城市矿产资源储量将进一步增加，城市矿产资源的开发潜力空间也进一步提升，未来我国城市矿产资源开发利用行业将快速发展。同我国城市矿产发展机遇相对的是如何更好地为我国城市矿产开发提供合适的配套政策、行之有效的法律法规、良好的基础设施建设和资金机制，解决技术和园区管理等问题，仍是我国未来城市矿产发展的巨大挑战。未来我国城市矿产的资源开发机遇与挑战并存。

（李金惠、孙笑非、宋庆彬、刘雪、朱宝莉；清华大学）

第二十二章

我国生活和消费过程废弃物管理战略建议

生活和消费过程废弃物主要是指人们生活过程中或为满足人们日常生活需求而产生的固体废物，典型的生活和消费过程废弃物包括生活垃圾、包装废物、餐厨垃圾、废弃电器电子产品等。生活和消费过程废弃物产生量大、增长速度快、影响范围广，公众对其所造成的环境污染与人体健康问题关注日益增加。生活和消费过程废弃物问题的解决不仅涉及技术问题，还涉及管理、经济和社会监督问题，其核心问题是该类废弃物处理的环境风险和处理成本在合理的范围内并能够被公众所接受。

本章基于电子废物与餐厨垃圾两大类生活和消费过程废弃物管理的国内现状与国际经验梳理，结合管理战略框架要点，对废弃物产生、回收、再使用、处理、处置各环节涉及的法制、政策、管理、技术、产业等层面的问题进行识别与分析。

一、生活和消费过程废弃物全过程管理问题

生产环节：产品生产过程未考虑生态设计，产品生产过程污染控制名录不明确，部分废弃产品进口监管缺失以及生产者责任延伸制尚不完善。

回收环节：回收企业监管不到位，正规处理企业回收渠道不畅，前端回收成本偏高。

再使用环节：翻新产品冒充新品现象严重，再使用、再利用产品标准缺乏。

处理环节：不正规处理现象严重，处理企业守法意识有待增强，规范化处理处置难度大、成本高，深度资源化技术缺失。

处置环节：危险废物非法处置现象依然存在，跨区域转移等存在手续烦琐、耗时较长等问题。

此外，全过程管理中还存在：管理部门众多，职责分散、衔接不畅，处理能力布局规划不合理，处理处置环境监测标准缺失，基础设施投资建设资金补贴有待进一步完善，废弃电器电子产品处理基金补贴核发手段低效，以及公众环保意识薄弱，社会参与程度不够等问题。

二、生活和消费过程废弃物全过程管理原则

生活和消费过程废弃物管理应遵循“源头削减”“全过程管理”“环境污染负荷最小”“环境风险可控”“最佳可行技术”“产业深度发展”等原则。

①源头削减。从生产、销售与消费环节降低废弃物的产生量，实现生活和消费过程废弃物的源头削减。

②全过程管理。生活和消费过程废弃物管理遵循“从摇篮到坟墓”的全过程管理原则，应从其产生、回收、再使用、处理和处置五个环节的全过程进行监督管理。

③环境污染负荷最小。生活和消费过程废弃物处理过程及设施布局对环境造成的污染负荷应最小。

④环境风险可控。生活和消费过程废弃物管理应注重风险防控，深化应急预案管理。

⑤最佳可行技术。生活和消费过程废弃物处理处置和资源化技术应适合我国国情，着重发展低成本、清洁化成套设备与集成工艺。

⑥产业深度发展。生活和消费过程废弃物处理产业链应向深加工、精细化、产品高端化的方向延伸发展。

三、生活和消费过程废弃物全过程管理重点

1. 适合国情的新型管理体制

结合国务院大部制改革的进程，进一步厘清部门之间的职责划分，建立一套集生活和消费过程废弃物处理能力规划、高效回收体系建设、处理处置、深度资源化、污染防治于一体的管理体系，实现主导管理部门的综合决策需求。

2. 信息化管理与社会监督机制

顺应政府信息公开的趋势，通过建立生活和消费过程废弃物回收、处理处置管理信息系统，对废物流进行全程监督。定期公开政府监管信息、企业环境信息，以满足公众的监管需求，实现社会监督机制的有效运行。

3. 切实有效的法制保障

明确各政府主管部门管理职责的法律界定，提高政府主管部门的管理效率；明确非法处理处置单位的法律责任与惩罚措施，完善生活和消费过程废弃物进入正规处理处置单位的法律保障；提高生产者、回收者、处理单位、处置单位的守法意识；完善管理部门监管生活和消费过程废弃物的法律保障及相关执法部门的执法依据。

4. 必要可行的管理政策

完善能力建设规划、目录管理、运营资质、翻新产品准入、全过程信息化管理、运营监管的管理政策，资金政策、价格政策、财税政策、专项基金的经济政策，污染物排放控

制（水、气、土壤）、政府支持科研的技术政策，以及信息披露、环境标识、社会监督、宣传教育的社会政策。

5. 科学合理的环境管理手段

结合最佳可行技术，利用生命周期评价的研究结果，针对各个产污环节，制订实施不同的风险防范措施。结合风险应急管理需求，通过规划建设厂区内外污染监控体系以及应急预案编制，实现环境风险预警、风险规避和风险解决。管理手段由经验化、手工化、分散化、强制化向科技化、协作共享、合理引导、全民监督转变。

6. 逐步完善的最佳可行技术

适合我国经济发展阶段、环境治理需求、经济可行的最佳可行技术，是实现资源再生利用、污染集中控制的基本保障。应鼓励科研机构和企事业单位，进行最佳可行技术研究，给予必要的资金、人才、政策支持，用切实可行的技术解决管理难题。

7. 绿色持续的产业发展模式

通过对现有回收渠道的整合，取缔污染严重、资源再生利用率低的非法处理处置企业，以“消灭污染而不消费产业”为原则，合理规范引导产业的健康发展。拆解处理企业向精细化处理、高附加值产品生产方向发展。

四、生活和消费过程废弃物全过程管理战略建议

第一，建立健全生活和消费过程废弃物管理政策法规体系，加强环境污染全过程控制与环境风险防范。研究制订生活和消费过程废弃物管理的专项性条例或管理办法，完善管理部门监管生活和消费过程废弃物的法律保障及相关执法部门的执法依据。明确非法处理处置单位的法律责任与惩罚细则，完善生活和消费过程废弃物进入正规处理处置单位的法律保障措施。完善或制订相关管理技术文件：①完善大气、水、土壤等污染排放标准或环境质量控制标准；②制订监测指南或规范、污染控制最佳可行技术指南和技术规范等文件，指导生活和消费过程废弃物的环境无害化管理。

第二，理顺生活和消费过程废弃物相关管理部门管理体制，加强部门间交流合作与职责协调。明确生活和消费过程废弃物全过程管理各环节的主管部门及其职责，加强各主管部门的职责衔接。行业协会应充分发挥力量，及时就产业发展现状、面临问题、发展趋势和战略规划建议等向行业主管部门报告，协助国家职能部门认知行业发展趋势并制定管理战略，为制订下一步宏观层面的规划和决策提供有效支撑。

第三，创新生活和消费过程废弃物管理手段，提高主管部门监管效率。规范生活和消费过程废弃物回收渠道，加大环保执法力度，引导市场良性发展。坚决取缔非正规处理活动，切断回收物的非正规流向，加强公众环保责任感与企业的守法意识。推进物联网建设，开发生活和消费过程废弃物全过程流向政府主管部门监控信息系统。推进生活和消费过程废弃物处理企业分级分类管理，引入第三方认证机制，推动生活和消费过程废弃物处理企

业规模化和专业化发展。实时传输备案监测信息与数据，提高补贴资金发放效率。监测信息与数据实时传输至当地环保主管部门并备案，提高处理量核算效率与地方环保主管部门的监管核查能力。对于出现骗取补贴现象的处理企业，一经发现，取消其补贴资格。

第四，完善生活和消费过程废弃物处理处置资金配套政策，保证处理处置系统有效运行。完善废弃电器电子产品处理基金征收政策，实施差别化管理对策。完善处理企业补贴政策，建立处理成本核算体系，明确全过程处理各环节的补贴需求：通过对生活和消费过程废弃物全过程处理各环节进行事权财权分析、收益特征（收益来源、收益规模、收益前景）分析，明确回收处理全过程各环节对财政补贴的需求。建立多元投融资机制，引入民间资本。明确政府财政资金（废弃电器电子产品处理基金、循环经济发展专项资金、餐厨垃圾处理试点补助资金等）、金融机构信贷资金以及其他社会资本的投资方向与投入方式，构建各类生活与消费过程废弃物资源化再生产业项目投融资机制。

第五，加强生活和消费过程废弃物处理处置行业管理，保障行业可持续发展。建议尽快制订行业准入标准，包括：废旧电子产品翻新行业准入标准、各类废弃物再生利用行业准入标准、餐厨垃圾处理资源化利用行业准入标准。合理布局设施能力建设。充分考虑本地及周边相关处理设施的处理能力现状，统筹不同管理部门的试点规划，做好不同部门间政策的衔接工作。设施能力建设项目应充分考虑地区的经济、社会、环境容量现状，避免对地方财政、居民生活、环境质量造成较大负担与负面影响。延伸回收处理企业的产业链。鼓励处理企业开发高端产品，形成企业核心竞争力，提升产品的附加值，缓解处理企业的经济压力，并提高处理企业的创新力与竞争力。

第六，加强生活和消费过程废弃物资源化技术和设备研发力度，提高行业发展技术支撑。设立专项科研资金，开展生活和消费过程废弃物深加工处理技术、高附加值产品研发、污染控制技术、资源化利用和环境健康风险研究。鼓励研发适合我国国情的低成本、清洁化成套设备与集成工艺。加强生活和消费过程废弃物回收处理管理和环境健康风险预防管理技术支撑，研究废弃电器电子产品为代表的废弃物处理和资源化过程污染物释放转化特征，评估其处理和资源化利用的环境和健康风险。选择已有的特征区域开展历史遗留的污染场地修复研究。

第七，建立生活和消费过程废弃物管理公众参与机制，加强全社会参与与监督。加强生活和消费过程废弃物产生、回收、翻新、处理处置企业的守法意识与公众环保意识宣传教育，进一步开展企业信息公开工作，督促企业自行开展相关信息和活动公开。完善生活和消费过程废弃物管理公众监督机制，扩大信息披露渠道，建立完善的信息反馈与作用机制，对有切实证据的举报信息要及时确认、执法并向公众反馈执法结果。

（李金惠、常杪、刘丽丽、董庆银、郭培坤；清华大学）

第二十三章
大宗工业固废处置与利用新方向

伴生于工业生产活动的固体废物，其产生源和排放源几乎覆盖了生产的各个环节。工业的迅速发展，势必造成固体废物量的快速增加。工业固体废物具有危害性和可利用性的双重特点。虽然其环境危害效应的显现较为缓慢，但其产生数量大，不仅侵占土地，且在长期堆存过程中会造成严重的水和土地污染。工业固体废物作为一类放错地方的资源，可作为再生能源加以利用。因此实现工业固体废物从“摇篮”到“摇篮”的转变，不仅能节约资源，而且能减少环境污染，达到“双赢”的局面。

一、大宗工业固体废物的产生与利用现状

我国工业固体废物的组成相对稳定，其中以采矿、燃煤产生的工业固体废物最多，占总量的80%左右。我国典型的大宗工业固体废物有：粉煤灰、冶炼废渣、副产石膏及尾矿等。据统计数据显示，近年来我国的工业固体废物产生量及综合利用量均呈现逐年增长的趋势，但综合利用率的变化趋势平缓。到2014年，工业固体废物产生量约32.7亿t，综合利用量约20.4亿t，综合利用率约62%。相比于2009年，固废的产生量和综合利用量分别增长了62%和49%，综合利用率也降低了约5%。这说明，目前我国的工业固体废物综合利用效率仍较低，大量固体废物仍未得到及时有效的处理。因此，我国实现固体废物从“摇篮到摇篮”循环利用的目标任重道远。

（一）粉煤灰

粉煤灰是煤炭中的灰分经分解、烧结、熔融及冷却等过程形成的固体颗粒，主要来源于燃煤电厂。粉煤灰的产生量很大，通常每消耗2 t煤就会产生1 t粉煤灰。由于我国主要依赖于煤炭作为能源物质，因此此类固体废物的排放量长久居高不下。目前我国的粉煤灰综合利用率约为69%，其中综合利用总量的44%用于生产水泥，28%用于生产墙体材料，而仅有 4%用于提取矿物等高附加值产品。建筑、建材和交通等行业虽能在短时间内吸纳大量的粉煤灰，但均为低附加值的利用，并未充分发挥其潜在的价值。因此，粉煤灰的资源化利用研究方向重点在于粉煤灰的高附加值产品的开发，实现粉煤灰利用从粗放型利用

向集约型利用转变。

（二）冶炼废渣

冶金废渣主要来源于钢铁厂、铁合金厂以及有色金属冶炼厂生产过程。主要有高炉渣、钢渣、铁合金渣、有色金属渣和尾矿渣。目前我国的冶金废渣综合利用率为67%，其中以高炉渣综合利用率最高，约82%。而发达国家的高炉渣基本可达到排用平衡，实现资源的循环利用。我国其他类废渣的综合利用率则均低于50%。相比之下，我国在冶炼废渣处置和利用的深度和广度上均不够，主要体现在废渣中有价金属没有充分回收和所生产的炉渣产品附加值较低两方面。

（三）副产石膏

工业副产石膏是在工业生产过程中因化学反应生产的以硫酸钙为主要成分的副产物。目前我国工业副产石膏综合利用率为48.1%，其中磷石膏和脱硫石膏的综合利用率分别为27%和72%。目前，工业副产石膏主要用作水泥缓凝剂和生产石膏建材产品。然而行业标准体系的不完善及产品原料区域性差异化影响了石膏产品的品质稳定，从而影响了副产石膏的资源利用行业的发展。

二、大宗工业固体废物处置与利用存在的问题

在“十二五”规划节能减排和资源综合利用政策的指导下，我国大宗工业固废综合利用取得了进一步的发展，综合利用量、利用率及利用技术水平均有提高，但仍存在一些问题。

1. 工业固体废物资源回收与综合利用率偏低

目前我国的工业固体废物，除少数类别（如粉煤灰、高炉渣）的综合利用率较高，大多数的利用率仍低于50%。利用率较高的固体废物主要是用于消纳能力较大的建筑和交通行业。该利用方式虽然在短时间内能迅速减少固体废物的数量，但粗放型的利用方式并未实现固体废物的资源最大化。例如粉煤灰直接利用的潜力有限，而将粉煤灰中各种有用组分分离，获得相当纯度的种类产品，才能将粉煤灰高效地资源化。受上游生产工艺的制约，下游固废资源品位较低，成分复杂，有害成分含量高，而相应的固废处置与利用知识和技术的短缺导致了我国固体废物的利用普遍存在资源回收率低，产品附加值低、经济效益低的问题。此外固体废物长期堆存、丢弃的现象依然存在，并由此引发一系列的二次污染问题。固体废物在堆放过程中产生的渗滤液中含有多种药剂及金属元素，对土壤及地下水造成严重的污染。干涸的粉煤灰、石膏等会造成粉尘污染。

2. 工业固体废物处置与利用呈现区域发展不平衡

受地域资源和经济发展水平的影响，我国工业固体废物处置与利用呈现出区域发展不

平衡，不同地区的工业固体废物产生量、堆存及综合利用情况差异明显。主要表现在北京、天津及东部沿海地区的固废综合利用率及利用水平高于西南、西北部地区。如工业副产石膏，京津冀、珠三角等地区对其利用率高，甚至部分地区出现供应缺口，而西南、西北部地区工业固体废物产量高，综合利用率却普遍较低，堆存现象较为严重。一方面在经济不发达的地区，市场消纳能力有限。另一方面由于工业固体废物的产品附加值低，且远离消费市场而导致产品运输半径过大，使得产品运输成本增加而削弱了市场竞争力。两方面的原因导致了我国工业固体废物资源综合利用失去平衡，资源浪费严重的现象。

3. 工业固体废物处置与利用技术革新亟待突破

与发达国家相比，我国在工业固体废物处置与利用领域尚处于固废末端污染控制、单纯追求资源化的发展阶段，缺乏针对我国固废特点和适应现阶段经济发展水平的重大原创核心技术和成套集成装备，尚未形成从源头到末端全过程减排增效的重大集成技术，以及跨产业的废物协同利用技术，主导性工艺基本处于跟跑地位。“十二五”以来，我国启动了一系列的工业固体废物处置与利用的先进适用技术研发项目，但这些处置利用技术在全国大规模推广还存在提高品质、降低成本、减碳降耗和补齐产业链等若干重大共性关键技术难题。加强技术研究，逐步突破工业固体废弃物资源高效利用和高附加值产品开发的技术束缚成为我国有效处置与利用工业固体废物的保障。

三、大宗工业固体废物处置与利用的循环利用新方向

随着我国经济社会的发展，对资源的需求越来越大，同时对节能环保的要求也越来越高，权衡这两点，对工业固体废物进行循环利用的必要性显而易见。针对我国的工业固体废物处置和利用实际，提出以下循环利用新方向。

（一）市场经济导向下的工业固体废物高值利用

由于工业固体废物的资源化利用主要受市场经济机制的影响，因此提高资源化比例，增加产品附加值和利润，使其更符合市场规律，从而使工业固废资源化利用产品在市场机制下良性运作。只有符合减量化与资源化原则的技术才能获得企业的青睐、得到市场的认可，才能实现工业固体废物综合利用技术的产业化，更好地解决我国在工业固体废弃物处理方面的严峻问题。开发具有特殊性能的固体废物或使用特殊的技术与工艺生产以工业固体废物为原料的高值产品，如活性粉混凝土、氮氧化物耐火材料、保温矿棉、功能陶瓷材料等技术含量高、经济附加值大、社会效益好的产品。跟随主要消纳行业的发展趋势，不断研发具有市场的附加值产品。随着建筑节能、墙体材料革新工作的推进，比传统墙材更节能、环保的墙体材料产品必将会得到大力推崇和发展。因此在粉煤灰产生量大的地区，可利用粉煤灰替代黏土等资源生产新型墙材产品。此外，成套资源化利用技术的集成，也是实现固体废物高值利用的关键。如利用高炉渣、钢渣破碎分选回收铁精粉、炭精粉以及

渣钢等工业原料，同时提取有色金属和稀有贵重金属，开发回收有价金属技术，再用剩余废渣制备高附加值、无污染的绿色建材技术。

（二）多种工业固体废物的协同利用

对大宗工业固废的综合利用研究，单种固废的考虑较多，而多种固体废物协同利用的研究较少。工业固废高炉渣、污泥、飞灰、废玻璃、尾矿等，均含有不同成分配比的相同组分，因此可利用不同固体废物的组分互补作用，减少甚至不添加辅料的条件下，协同制备某一高附加值产品，同时实现固体废物的高效利用。如利用固废的成分互补原理协同制备复合固废微晶玻璃，能降低生产成本、提高固废的利用率。充分发挥尾矿、废石、水淬高炉渣、钢渣、脱硫石膏、粉煤灰等多种固体废物的协同作用，开发出具有商业竞争力的凝胶材料，可在混凝土应用中大比例代替水泥，显著降低建筑企业的原料成本。

（三）企业生产过程的协同资源化处置

企业生产过程协同资源化处理废物过程中，在满足企业生产要求且不降低产品质量的情况下，废物可以作为替代原料或燃料实现部分资源化利用。如含硅、钙、铝、铁等组分的废物可作为建材生产的替代原料；热值较高的工业废物、可替代部分燃料。按照工业生态学的原理，将产业园区内的物质、能量和信息集成，企业之间通过利用彼此的余热，协同资源化从而构建企业间、产业间、生产系统和生活系统间的循环经济链条，促进企业减少能源资源消耗和污染排放，树立企业承担社会责任、保护环境的良好形象，实现经济效益、社会效益、生态效益共赢的良好局面。

（四）区域资源的综合利用协同发展

针对我国工业固体废物处置与利用发展不平衡的问题，发挥地区间优势和潜力，加强区域间产业对接，建立完善跨区域产业链，构建区域资源综合利用协同发展体系，探索产业区域资源综合循环利用协同发展新模式。如京津冀及周边地区在资源综合利用产业链中处于不同的环节，产业类别、产业基础、发展阶段等方面差距悬殊，存在着很大的互补性，因此实施京津冀及周边地区工业资源综合利用产业协同发展，构建以京津冀为核心的区域资源综合利用。在实现京津冀及周边地区数量巨大的钢铁烟尘等含重金属冶炼废渣进行资源化、无害化处理的同时，带动周边区域固废处置行业的发展。

（赵明、李金惠、陈源、李诗特；清华大学）

第二十四章

我国污染场地修复管理建议

环境保护部和国土资源部于2014年4月发布了2005—2013年《全国土壤污染状况调查公报》，结果显示我国工业企业用地中有高于30%的土壤受到污染，土壤修复势在必行。对于逐步开展的场地调查和修复工作，需要相关的管理法规、制度和体系支撑和规范污染场地的修复工作。美国于1980年通过《环境应对、赔偿和责任综合法案》（Comprehensive Environmental Response，Compensation and Liability Act，CERCLA，通常称为《超级基金法》），在该法案的指导下，美国建立了超级基金场地管理制度，从环境监测、风险评价到场地修复都制定了标准的管理体系，为美国污染场地的管理和土地再利用提供了有力支持。

本章通过对美国污染场地管理政策和典型污染场地修复案例的研究，提出我国污染场地修复的管理建议，以期为我国污染场地的立法、污染控制和环境管理工作提供参考和借鉴。

一、美国污染场地管理政策研究

《超级基金法》主要是用于对“历史遗留”污染场地中的污染物及其迁移的治理，尤其是危险废物填埋场、废物倾倒场地和有害物质处理处置场地以及各类工厂企业废弃的场地。

（一）超级基金法案的经费来源

超级基金的初始基金为16亿美元，来源有两个：主要是对生产石油（包括运至美国炼油厂的原油、美国进口石油产品、美国境内使用或出口的原油）和某些无机化学制品行业征收的专门税；第二个来源是联邦财政拨款（每一个财政年度拨付4 400万美元，授权期为5年）。1986年的《超级基金修正案及再授权法》中又增加了超级基金的额度（增加到85亿美元），除将石油化工行业的专门税税率调高外，还增加了一项对年收入在200万美元以上公司所征收的环境税，并进行了5年的上述税种征收再授权，此外还有联邦一般财政拨款，每一个财政年度拨付2.5亿美元。1990年的《综合预算调整法案》又将税费征收期延长至1995年。1995年以后，超级基金经费的主要来源为信托基金余额[①]、常规财政拨款、从污染责任者追讨的污染场地治理费用、罚款、利息及其他投资收入等。为了延长基金的使用年限，从1999年开始，政府增加了联邦财政拨款的数额，特别是在2003财政年度信托基金余额为0以后，联邦财政拨款有大幅度的增加。目前，超级基金的资金来源主要依赖于联邦财政拨款。

（二）超级基金法案的适用范围

根据超级基金法案的相关规定，只有当责任主体不能确定，或者无力或拒绝承担相关费用时，超级基金才可被用来支付修复费用。《超级基金法》中的基金可用于以下项目的支付：①联邦政府应对危险物质的反应费用；②任何个人实施的必需的反应费用；③任何自然资源破坏或者损失所造成的损害的评价费用；④联邦或州对任何破坏的自然资源的修复费用；⑤防止自然资源损坏事故再发生的规划费用；⑥公众参与与支持的资助和奖励等所需费用；⑦修复设备的购置和维修费用；⑧反应行动中的雇员健康和安全的补偿费用。

（三）超级基金法案的启动条件

超级基金用于治理全国范围内的闲置或被抛弃的危险废物处理场地，并用于紧急应对场地中危险化学品的泄漏。为促进超级基金“污染者付费”的原则，确保“危险物质超级基金”去清理那些真实责任人不明的危险废物污染场地，EPA实施“执行优先”策略（Enforcement First）。EPA在使用超级基金前，首先要进行调查确定潜在责任人并与其进行协商，要求潜在责任人来执行危险废物污染场地的治理，如果责任方不能履行治理责任或无力承担治理费用，则EPA可授权超级基金先行治理。在这种情况下，EPA会与潜在责任人签订协议，并由EPA监督协议的履行以确保责任人及时、适当履行义务。如果一方不履行义务，EPA将采取措施行动以促使缔约方遵守协议。超级基金只有在污染场地的潜在责任人无法找到，或者潜在责任人无法履行治理责任时，才承担污染场地的治理费用。

（四）超级基金对污染场地的促进作用和修复成效

《超级基金法》的建立对美国场地修复产生的促进作用主要体现在4个方面：①严格的责任机制有助于找到责任主体；②污染场地治理资金的有效保障制度；③行之有效的治理机制；④污染场地治理全过程的系统规定。超级基金法案自颁布实施以来，清理大量的污染场地，解决了污染场地中有害土壤污染、废物和沉积物、垃圾渗滤液、地下水和地表水的污染问题。

自超级基金项目计划以来，共清理有害土壤、废弃物和沉淀物1亿多m^3，还为数万

① 超级基金中的税收收入建立了两个信托基金：一个是“危险物质反应信托基金”（Hazardous Substance Response Trust Fund），另一个是“关闭后责任信托基金”（Post-closure Liability Trust Fund），用于政府支付有害物质的排放造成的财产和自然环境的损害所需要的清除费用和赔偿费用。

人提供了饮用水水源。超级基金场地清理，也给企业带来经济效益，创造了就业机会，增加了土地的财产价值，提高了地方税收。一项研究发现，当污染场地从 NPL 删除之后，当地住宅物业价格增加 18.6%～24.5%，2014 年年底，EPA 从 450 个再开发利用的污染场地中收集的数据显示，这些场地在重新开发利用以后，场地中的 3 400 多个企业产生的年销售额超过 310 亿美元，雇用超过 8.9 万人，工资总收入达 60 亿美元。

（五）超级基金使用过程中存在的问题

超级基金自实施以来对美国污染场地的治理取得了很大的成就，但在实施中也暴露出来很多问题，主要体现在：①污染场地治理资金匮乏，资金缺口大；②严格的责任机制不利于企业的发展壮大；③污染土地的再开发利用得不到有效实施；④EPA 的权力过大，超级基金用于污染场地清除的效率较低：从 1983 年开始，截至 2015 年，美国列入 NPL 的污染场地有 1 700 多个，但只有 389 个场地从 NPL 中删除，还不到列入 NPL 总数的 1/4。拉夫运河场地虽早在 1983 年就列入 NPL，但直到 2004 年 9 月才被删除。

二、美国污染场地修复案例研究

（一）美国污染场地类型和特点

美国超级基金污染场地的修复可分为四大部分：第一部分是填埋场，包括常规废物填埋场和危险废物填埋场；第二部分为倾倒和处理垃圾的场地；第三大部分是各类企业（主要是炼油厂、化工厂和金属及制品制造厂等）废弃的场地；第四部分是其他性质的污染场地。制造加工业是污染场地最大的产生者，而矿业在其中所占的比例最小。根据 EPA 固体废物与紧急反应办公室的报告中可知，超级基金场地中，液体废物出现在污染物场地的概率为 92.4%，固体废物出现的概率为 58.3%，污泥出现的概率为 49.2%。由此可知，污染场地中液体废物非常普遍。在污染物类型中，有机化学品是各种污染场地发现最多的污染物，这可能是该类场地被列入 NPL 的一个优先条件，其次为金属污染物。

（二）美国污染场地修复流程

超级基金清理过程开始于发现污染场地或 EPA 接到通知发现有可能释放的有害物质。污染场地一经发现，该场地就进入到“综合环境反应、补偿和责任信息系统”（CERCLIS），即 EPA 信息化管理的潜在危险物质释放场地名录，EPA 经初步调查和评价来采取不同的措施。

超级基金运行过程的具体步骤主要包括：①初步评估和现场调查；②列入 NPL；③补救调查和可行性研究；④决议记录；⑤修复设计和修复行动；⑥完成施工；⑦施工完成后工作；⑧场地在 NPL 中删除；⑨场地再利用和再开发。

（三）美国污染场地修复管理特点研究

1. 美国污染场地修复关键环节

通过对污染场地的修复案例进行分析，总结污染场地修复关键的环节如下。

①勘测基础信息：了解污染场地土地及资源的利用情况，其污染历史；检测场地土壤以及地下水中所包含的有害物质种类。

②确认潜在责任方：EPA同潜在责任方的协议促使有关各方积极制订出公平合理的清理修复计划，快速和高效地避免污染场地对周围民众和环境带来的危害。

③制订工作方案：根据污染场地的土地资源利用以及场地所包含的有害物质种类，制订修复计划、修复执行以及场地的运行和维护等方案。

④场地修复行动技术评估：包括修复措施效果评估；暴露风险、监测数据、清洁标准和修复目标的有效性评估。根据评估结果提出场地修复存在的问题、建议以及后续措施。

⑤保护性声明：每个污染场地修复完成后都需有一个保护性声明，告知所执行的修复措施的日标和日标的实现情况，以及对于污染场地长期保护所需采取的措施建议。

⑥五年评审制度：定期发布五年审查报告，检查前期审查遗留问题以及相应后续措施的执行、措施执行的结果。

2. 环境管理关键环节

在美国污染场地修复管理中，包括以下关键环境管理环节。

①健全的法律体系，立法严格，是美国治理污染土壤富有成效的关键之一。

②污染场地数据信息系统，包括国家污染场地数据库和优先修复污染场地清单。

③污染场地土壤风险等级评估、技术评价体系和跟踪机制，该机制体系的建立和健全是美国污染场地修复治理的根本。

④棕色地块的再开发利用。2002年颁布的《小规模企业责任减轻与棕地振兴法案》（Small Business Liability Relief and Brownfields Revitalization Act，Brownfield Act，又称《棕地法案》）是对《超级基金法》的有效修正与补充，棕色地块的再开发利用是污染场地修复的最有效的治理结果。

三、我国污染场地修复管理建议

第一，建立完善的法律法规制度。建立我国污染场地管理体系和机制，在借鉴美国法律层面的管理经验基础上，从污染场地调查、污染修复、过程管理、后续维护等方面，制定健全的污染场地治理的法律法规体系。

第二，完善多个部门间的工作协调机制。污染场地的修复治理和再开发利用工作长期而复杂，涉及多部门、多群体和多学科之间共同协作，需在法律法规的基础上建立完善的协调机制，在资金管理、场地调查、土壤修复规划到修复标准制定等事项加强部门间的协调与合作。

第三，推动污染场地基础信息管理系统的建立。我国缺乏关于污染场地信息的相关统计数据，建议环境保护部门开展全国污染场地排查摸底行动，结合《超级基金法》确定污染场地信息报告、收集制度等，逐步建立覆盖全国的污染场地信息档案。

第四，探索多元化的资金筹措机制。多元化资金来源是基金筹措的重点，污染企业的罚没资金是一项重要来源，除此之外，应多开辟新的资金来源渠道，广泛吸收社会各界的资金投入，研究公共私营合作制在污染场地修复领域的可行性。

第五，鼓励污染场地修复实用技术实践。实用的修复技术是污染场地修复的重点，针对现有污染场地的典型特征，选择适用的污染场地修复技术开展污染场地治理，形成污染场地治理程序，培养我国污染场地修复治理的专业人才，解决污染场地管理的技术支持问题。

第六，设立公众参与机制，提升公众意识。公众参与是项目执行的一种监督手段，是政府行为的有效补充。美国的经验表明，职能部门人力物力有限，须依靠全社会的共同努力。推动并保障公众知情权、监督权、检举权、参与权，对污染场地的预防和修复工作十分必要。

（李金惠、刘丽丽、董庆银、王艳、杨洁；巴塞尔公约亚太区域中心）

第二十五章

我国“互联网+回收”模式管理建议

近年来，随着再生资源回收行业的快速发展以及我国政府对于资源再生行业的大力支持，互联网技术开始广泛引入再生资源回收领域，“互联网+回收”模式成为我国再生资源回收利用的亮点。很多企业开始探索创新“互联网+回收”的模式，以提高回收水平和效率。2015年4月14日，国家发展和改革委员会印发了《2015年循环经济推进计划》，明确指出，我国将推动和引导再生资源回收模式创新，探索“互联网+回收”的模式及路径，积极支持智能回收、自动回收机等新型回收方式发展。

本章将对当前我国新兴的“互联网+回收”模式的流程和优势进行分析，探讨我国在新模式下资源回收面临的契机以及挑战，并提出管理建议。

一、“互联网+回收”模式

（一）新回收模式概念

“互联网+回收”就是“互联网+资源回收产业”，但并不是简单的两者叠加，而是利用信息通信技术以及互联网平台，实现互联网与资源回收行业的深度融合，创造新的发展生态，以优化生产要素、更新业务体系、重构商业模式等途径来完成资源回收行业的经济转型和升级。它代表一种新的社会形态，即充分发挥互联网在社会资源配置中的优化和集成作用，将互联网的创新成果深度融合于资源回收行业之中，形成更广泛的以互联网为基础设施和实现工具的资源回收利用领域新形态。

（二）新回收模式流程

由于企业的实际情况和关注点不同，不同企业建立的具体“互联网+回收”模式会有所区别，如选取的试点城市、涉及的产品以及回收模式的细节等。然而，我国“互联网+回收”模式的运行程序基本上类似，具体如图5-2所示。

居民、企业通过手机、计算机或者电话预约，登记资源种类、数量和预约时间，然后会有专业的回收人员，按照预约时间，根据回收量和回收种类情况，上门回收，贴条形码标签；待回收人员确认后，由网上结算中心统一付款，并给予一定的环保积分（可以换取一定的礼品）。然后回收人员，会将回收资源运到区域的回收中心和网点，接着运往环保企业进行循环处理。根据回收资源的特性，将分别销售给生产企业或者资源加工企业，实现资源的最终循环利用。

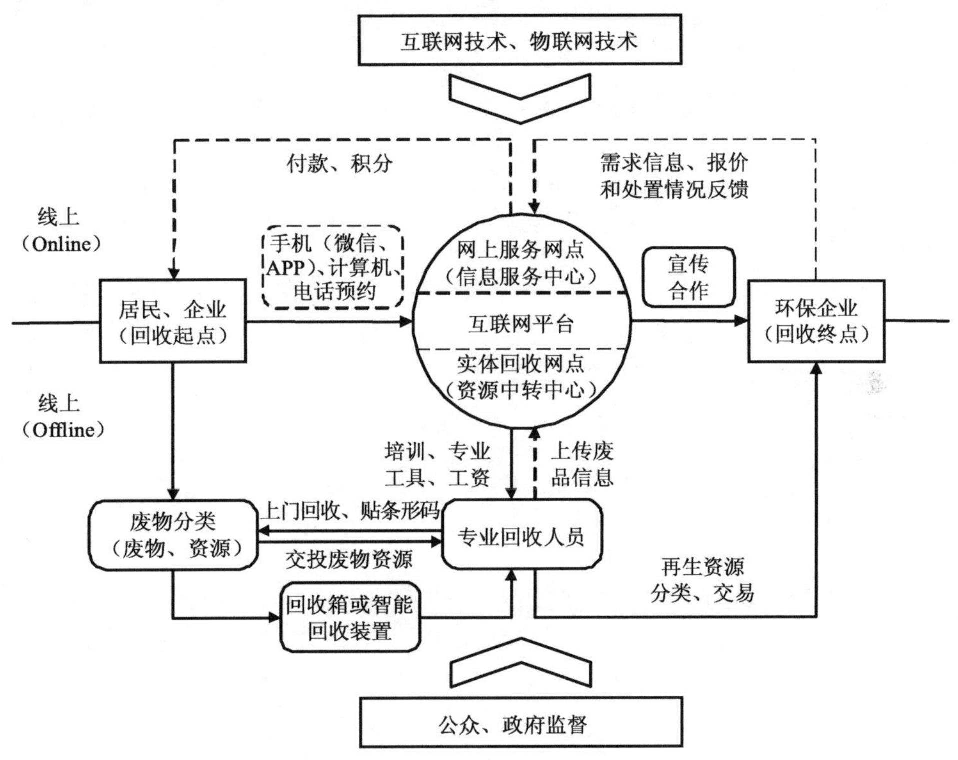

图 5-2　“互联网+回收”模式流程

（三）新回收模式优势

1. 信息公开透明

即成本透明、渠道透明和处理透明，居民可以在网上一目了然地知道各种废物的潜在危害、各种资源产品的价格以及各种废物的回收渠道和处理动向。

2. 交投便利

居民可选择更加方便快捷的方式交投废物，如预约时间上门回收，自行带到回收网点进行销售，或采用邮寄的方式。灵活的交投方式迎合了居民的生活方式，大大提升了便捷程度和居民的积极性，使居民形成废物回收的良性生活习惯。

3. 突破地域限制

互联网交易可以打破传统交易中时间、空间的限制。与传统的资源回收行为必须依靠特定的地点完成线下回收相比，“互联网+回收”模式下，区域的屏障被打破，居民足不出户就能完成废物的回收，并获得相应的收益。

4. 专业服务

回收企业的回收人员经过统一培训，包括着装、礼貌用语、回收流程、回收标准等方面的培训，达到相应培训标准后方可从事上门回收工作。

5. 线上、线下相结合

注重回收过程的两线建设：线上投废，线下物流，使线上线下融合，同步性更好，提高了回收效率，也整合了产业链。新模式仍然是以线下回收系统为基础，更多时候线下系统的构建更加重要。

6. 追踪系统

互联网具有的大数据优势，可根据回收单据对居民所交投的资源产品进行跟踪，并且可以在移动终端（计算机、手机或平板）方便地一键查询，随时跟踪废物信息、物流动态，从客观上对废物资源回收链起到一定的监督作用。

7. 激励措施

居民交投废物资源后，回收企业将会给予一定的低碳环保积分或资金奖励，交投次数和数量越多，累积的积分或资金奖励也就越多，有利于线上回收的长线发展。

二、“互联网+回收”下资源回收新契机

（一）开创源头分类新局面

我国自2000年6月开始实施垃圾分类收集试点，现已历经15年，我国垃圾源头分类水平仍在原地踏步。“互联网+回收”模式无疑是一种推动垃圾分类和减量的积极探索，有望解决城市垃圾分类回收难题。通过新的回收模式，一步跨越传统的回收箱模式，建立互联网时代垃圾分类回收模式。对于居民和企业用户来说，废物资源交投更加便利，可以根据自己的时间和生活方式确定交投时间、方式，回收价格更加公正、透明。采用互联网思维对资源进行交投，迎合了年轻人的生活方式。同时，居民可以追踪自己所交废物资源的流向情况，可以清楚了解废物是否得到了正规妥善的处理。通过交投废物，居民还可以获得一定的低碳环保积分，充分让用户感到自己切实参与到了环境保护中。通过新的回收模式，将一步跨越传统的低效回收模式，建立互联网时代垃圾分类回收模式。

（二）推动资源回收的规模化、均衡化发展

虽然新的回收模式仍处在布局和推广阶段，对于资源回收的推动作用还不明显，但是其回收的潜力已经初现端倪。以深圳淘绿为例：淘绿网络投废平台2012年8月正式上线。2012年（9—12月）委托交易量约为90万台，2013年委托交易量达到960万台。2014年

淘绿废旧手机交易量约为 1 500 万台。2013 年淘绿全国范围内服务点累积达到 515 家，总覆盖人群已超过 76 190 万人。过去，我国正规电子废物处理企业对手机的回收和处置，基本上处于空白状态。废弃的手机除了部分流进二手市场外，其他全部流向了非正规的循环机构。相比于原有回收系统，基于互联网的新回收模式的回收效率大大提高，能够有效推动废物的正规化处理。

当前的资源回收系统存在一个重要的问题是，回收人员只针对价值较高或回收较为容易的废物资源进行回收，对于其他较为低值的产品（如废旧电池、玻璃等），往往不予回收。在“互联网+回收”模式下，企业会要求回收人员对于这些低值废物进行回收，通过其他业务的利润和政府的补贴来实现收支平衡。如“回收哥”已在深圳、武汉通过在小区投放电池回收箱的方式，布置了约 2 000 个回收箱回收废旧电池。

（三）推动行业整合和信息公开

我国再生资源行业准入门槛偏低，企业规模普遍偏小，而且回收渠道多元化，回收方式分散化、无序化。据统计，我国再生资源回收企业有 6 700 多家，已登记注册回收网点 23 万个，未登记注册或临时的回收网点有近 60 万个，回收加工处理厂 5 300 多家，从业人员 190 万人。在市场利益的驱动下，各类企业鱼龙混杂，各种行为处于政府和社会监督的盲点，导致政府难以对回收阶段进行有效的监管。

新的“互联网+回收”模式可通过政府、社会和企业的引导，不仅能够实现资源回收队伍的专业化和正规化，也能够逐步解决在我国积存几十年的回收体系不正规、不易监管的局面，并且实现资源回收的最大化。根据对格林美股份有限公司“回收哥”的实地调研，其 2 000 余名回收者中，大概有 60%的回收人员是传统的废品收购者，他们借助“回收哥”的平台，通过线上回收居民交投的废品，完全改变了之前的回收模式。

新的回收模式将各种原有回收人员整合到正规的企业之下，各种信息将更加公开透明，如不同废物资源的回收价格、回收网点、回收人员信息等。信息的公开透明，便于政府及时对资源的回收交易过程进行了解和监管。同时，新回收模式能够减少回收体系中的中间环节，直接将回收产品到运输到二手市场、循环处理企业。中间环节的减少不仅能够提高整个资源回收利用体系的效率，而且更加便于政府的监督和管理。

（四）有效防止资源回收行业的污染

传统的回收模式下，废物回收渠道杂乱无序，很多城市废物资源进入了非专业化的小作坊式回收站。这些小作坊往往对废物进行违规回收、处理，造成废物的二次污染。清理二次污染的成本甚至高于其回收价值，导致后期的加工再利用环节受到严重影响。这些非正规小作坊经常游离于监管之外，并将处理后的不合格再生产品卖给另一些小厂家，污染环境的同时也造成了恶劣的后果。而“互联网+回收”模式下，污染将从回收源头得到有效控制，并由专业化的回收平台和回收人员进行系统化把控，环保效益得到了极大的提升。

（五）推动相关制度的完善

“互联网+回收”创新模式的建立有利于完善我国的EPR制度。截至2014年年底，我国106家废弃电器电子产品处理资格许可企业中，生产企业参与建立的处理企业仅有格力、长虹、TCL等7家。由于缺乏相应的激励机制，在生态设计、回收处理方面等方面，生产企业参与度也都比较低。

在“互联网+回收”模式下，生产企业不应该将废物回收利用仅仅看成一种责任，更应该看到的是商机。首先，生产企业可以依托新的回收系统平台对企业产品以及文化进行宣传；其次，对于准备废弃各种产品的居民，他们往往有购买新产品的需求，这是一个非常重要的商机，企业可以采取以旧换新等政策用于争取更多的用户。这也是对客户的消费习惯的一种培养，当居民有了好的用户体验，有利于生产企业留住潜在的客户；最后，生产企业参与废弃产品的回收利用，更加有利于资源的高值利用。从回收责任到商机的观念转变，对于生产企业来说，一种是被动而为不得不做，一种是主动出击，两者间的差距不言而喻。生产企业更多地参与废物的回收利用，有利于企业了解其产品在末端的环境性和经济性，识别重要的资源化节点，进而推动企业在产品生态设计方面的改进。

三、“互联网+回收”模式存在的问题

相较于传统的回收模式，“互联网+回收”模式具有诸多优势，为加快我国资源回收利用行业发展提供了新契机，但是我们也应清楚地认识到“互联网+回收”的创新回收模式仍然处于起步阶段，仍存在很多问题需要进一步解决和完善。

1. 回收网点、种类有限

目前，我国新的回收模式，大部分都尚处于布局和发展阶段。除手机等小型电子产品可以通过邮寄辅助线下的回收，回收网络的限制不大外，其他大部分废物资源产品仍需借助较为完善的线下回收体系，而我国大部分企业对于回收网点的建设仍局限在部分试点城市，全国范围的回收体系建设尚未完成。如格林美股份有限公司的“回收哥”目前主要集中在天津、武汉、深圳、荆州等4个城市；阿拉环保网、上海森蓝环乐服务平台和邦邦站等仅针对上海地区的客户。

从回收种类的角度分析，当前大部分的企业，主要关注的是废弃电器电子产品的回收，对于其他种类的关注不够。如淘绿，虽然回收网点已经覆盖了我国大部分地区，但其只是关注的废旧手机的回收，没有对其他废物资源进行回收。“回收哥”虽然针对全部的废物资源进行回收，但是由于其2015年7月刚刚启动，回收网点、体系的建设也比较薄弱。

2. 成熟的“互联网+回收”商业化运营模式尚未形成

许多企业为了赶潮流，缺少详细的规划设计，在仅有简单的概念时，可能就开始进行新回收模式的推动，这违背了国家推动相关工作的初衷，也会伤害居民对新回收模式的积

极性，得不偿失。“互联网+回收”的模式，需要企业已经具备了一定基础，如曾经就是资源回收企业、同产业链不同阶段的企业已经开展战略合作，具备了足够的资金基础和技术基础等。我国成熟的“互联网+回收”商业化运营模式尚未形成，主要盈利点还不清晰。很多企业存在各自为政，分类标准和定价标准不一的问题，并且各回收平台间很多功能重叠，信息重复，仍需要进一步进行完善。

3. 相关支撑技术不足

“互联网+回收”新模式下，再生资源回收体系有5个技术支持系统：①交投服务体系：建立网络、电话以及社区回收网点的综合全自动交投服务网络；②回收物流体系：建立完善的线下回收物流系统；③监控追踪体系：实现消费者交投、网点回收、物流中心仓储分拣、处置商处置等全程监控追踪；④信息服务体系：包括回收网点管理系统，网上废物交投管理系统，积分服务系统，处置商管理系统等；⑤统计分析决策体系：为规范管理制度提供决策分析资料。

只有各个系统协调发展，才能有效推动“互联网+回收”模式的高效运行，我国目前对于“互联网+回收”相关支撑技术的投入和研发尚显不足，如物联网技术、大数据以及智能回收设备等，且各企业各自为政，重复建设，一定程度上限制了新回收模式的发展。

四、我国“互联网+回收”模式管理建议

我国的“互联网+回收”新模式发展之路任重道远。未来，我国政府应该给予更多的优惠政策来促进我国“互联网+回收”模式的实践，并出台相关规范和法规，引导新回收模式的规范、快速发展。

第一，建立“互联网+回收”准入标准和规范监督。我国应该针对新的“互联网+回收”的模式出台一定的准入标准和规范，对已建立的新回收模式的企业进行年度考核，对未达到考核要求的应该给予通报，限期改进。对于先进、运行较好的企业提出表扬，并适当地给予一定的奖励措施，带动企业积极性，最终推动我国新回收模式的整体发展。逐步解决规范回收阻碍，加强对回收规范的落实，并通过线上和线下对整个回收过程进行有效监督，引导回收行业的健康规范化发展。

第二，提升专业化水平。“互联网+回收”模式对于互联网回收运营商的专业化水平有极高的要求。在整个“互联网+回收”模式中，互联网回收运营商既负责全部的线上业务，又负责线下回收网点的搭建及资源中转的业务，其作用不可替代。回收资源种类繁多，对于专业化互联网回收平台的前期构建以及回收过程中对于资源的分类、检测、评估的技术要求均较高，而这些都是由互联网回收运营商完成的，没有大量专业化的人才和技术作为保障，互联网回收运营商将难以为继，“互联网+回收”模式也难以顺利发展。

第三，优化回收定价机制。定价作为供应链管理中最重要的职能之一，是市场经济活动中最关键和最容易影响利润的决策。一直以来，正规的再生资源回收企业竞争不过社区

回收人员，最关键的问题是回收价格，正规企业由于成本较高，同非正规回收人员进行竞争，一直处于弱势地位。对废旧资源进行合理定价，不仅可以增加回收量更能刺激利润的增长，对再生资源回收的规范管理具有重大意义。回收定价对于新模式能否正常运行至关重要，虽然很多企业已经针对各种废物资源发布了指导价格，但定价是否合理仍需市场的检验。未来各个企业开展新的“互联网+回收”模式体系建设时，仍需对定价机制进行深入研究。

（李金惠、孙笑非、宋庆彬、刘雪、朱宝莉；清华大学）